Newton
GRAPHIC SCIENCE MAGAZINE ニュートン

本当に感動する
サイエンス
超入門!

現代物理学で解き明かす
時間はなぜ流れる

監修／

JN224753

はじめに

「時間」は、私たちにとってあまりにも身近で、ふだん時間について深く考えることはあまりないかもしれません。世界中どこでも同じように時間は流れ、1日は誰にとっても24時間であることを、疑う人はいないでしょう。しかし実際は、時間は謎に包まれた存在で、物理学の最前線で研究されている重要なテーマです。

そもそも時間とは何なのでしょうか。この根源的な問いは、古くから多くの科学者たちを悩ませてきました。本書では、「なぜ時間は過去から未来へと流れるのか」「私たちは本当に過去に戻ることができないのか」といった問いを中心に、時間の謎について、現代物理学の視点からアプローチしていきます。

第1章では、「時間とは何か」という考え方がどのような変遷をたどってきたのか、その歴史をくわしく見ていきます。第2章では、時間についての考え方に革命をもたらしたアインシュタインの「相対性理論」を紹介します。相対性理論は時間と空間、そして重力に関するそれまでの常識を大きくくつがえした「世紀の大理論」です。従来、時間はだれにとっても同じように流れるものだと考えられていました。しかし相対性理論は、立場や状況によって、時間の流れ方が変わることを明らかにしました。たとえば、スカイツリーの展望台と地上とでは時間の進む速さがわずかにことなります。このような時間に関するおどろくべき事実について説明します。

第3章では、時間の本質にせまります。「今」という瞬間はすぐに過去となり、それまで未来とよんでいたものが新たな「今」となります。割れたグラスがもとの状態にもどることがないように、時間は決して逆方向には進みません。なぜ逆方向に進まないのか、その理由とともに、時間にははじまりや終わりがあるのかといった問題を、深く掘りさげます。

第4章では、過去や未来へのタイムトラベルの可能性について考えます。タイムトラベルはSFの世界だけの話だと考える人も多いでしょう。しかし実際には、相対性理論などの物理学を用いて真剣に研究されている分野です。ただし、もし過去への時間旅行が可能だとすると、タイムパラドックスという矛盾した状況が生じることがわかっています。はたして、時間を巻きもどすことはできないのでしょうか。タイムトラベルをめぐる不思議な世界について、解説していきます。そして第5章では、私たちの日常生活に不可欠な「暦」の歴史と、時間を計測する上で重要な「時計」の精度の進化について、最新の研究成果も交えながら紹介します。

さまざまな角度から時間の正体にせまる1冊を、どうぞお楽しみください。

目次

第2章／時間は伸び縮みする

第3章／時間の正体とは何か

第4章　タイムトラベルはできるのか

目　次

第5章 「暦と時計」の科学

第1章

物理学者を悩ませる「時間」

時間とは何なのか

私たちは仕事や学校生活をはじめ、当たり前のように「時間」を基準にして暮らしています。しかし、そもそも時間とは、いったい何なのでしょう。この疑問は、古くから多くの科学者たちを悩ませてきました。

時間とは何かという考えは、時代とともに変化しています。古代の人々にとって、時間は〝循環するもの〟でした。当時の人たちは、天体の一巡りと時間のサイクルを同一視していたのです。

17世紀になると、イギリスの科学者、アイザック・ニュートン（図1－1、1643～1727）が、この宇宙には「絶対時間」が流れているという考えをとなえました。絶対時間とは、無限の過去から永遠の未来に向かって整然と流れていく、ベルトコンベアのようなものです。ニュートンは宇宙を含めたあらゆる地点で、すべて同じ速さでベルトコンベアのように時間が流れている、と考えたのです。

図1-1.　アイザック・ニュートン

この考え方は私たちにとっても、ごく当然のように思えますね。ところが20世紀に入ると、天才物理学者のアルバート・アインシュタイン（図1－2、1879～1955）がとなえた「相対性理論」により、絶対時間は否定されてしまいます。

相対性理論によると、何と時間の流れはだれにとっても同じものではなく、おのおのの立場によって〝伸び縮み〟するものだったのです。

相対性理論は、それまでの時間の概念を大きく変えてしまいま

図1-2.　アルバート・アインシュタイン

した。しかし、その相対性理論でさえも解決できない大きな謎が、時間にはまだまだ残されています。

なぜ時間は過去から未来に進むのか、宇宙のはじまりやブラックホールの中心では、時間はどのような姿をしているのか——。そういった謎に、今なお最前線の物理学者たちが挑んでいます。本書では、身近な存在にもかかわらず未だ謎に満ちた、時間の世界をご案内します。

時間は、2500年来の難問

時間の概念はどのように変化してきたのか、その変遷をくわしく見ていきましょう。まずは、紀元前5世紀の哲学者ゼノン（紀元前490年頃～紀元前430年頃）がとなえた「飛ぶ矢のパラドックス」を紹介します。

パラドックスとは、一見正しい前提やそれにもとづく推論などから、信じられないような結論になってしまう事がらのことです。飛ぶ矢のパラドックスとは、「飛ぶ矢は一瞬一瞬では静止しており、静止している矢をいくら集めても矢は飛ばない」、というものです。つまりゼノンは、矢が飛ぶという運動自体を否定してしまったのです。しかし、現実には矢は飛ぶのですから、そのこと自体を否定するなんて、おかしな話ですよね。つまり、この話にはどこかに欠陥があるのです。このパラドックスを考えていくと、時間とは何かという問題につきあたります。

このように、「一瞬とは何か」「時間を無限に短くきざんだものが一瞬だとしても、時間を無限に短くきざむことは可能なのか」といった問題は、何と約2500年も前から論じられてきたのです。

時間の謎について考えた人物の中で特に有名なのは、古代ギリシアの哲学者、アリストテレス（図1－3、紀元前384年～紀元前322年）です。アリストテレスは著作『自然学』の中で、「時間は、運動の前後における数である」と論じました。ここでいう運動とは「物事の変化」のことです。

アリストテレスは、その変化の数（尺度）が時間であると考えました。たとえば、ろうそくに火をつけると、ろうそく

図1-3.　アリストテレス

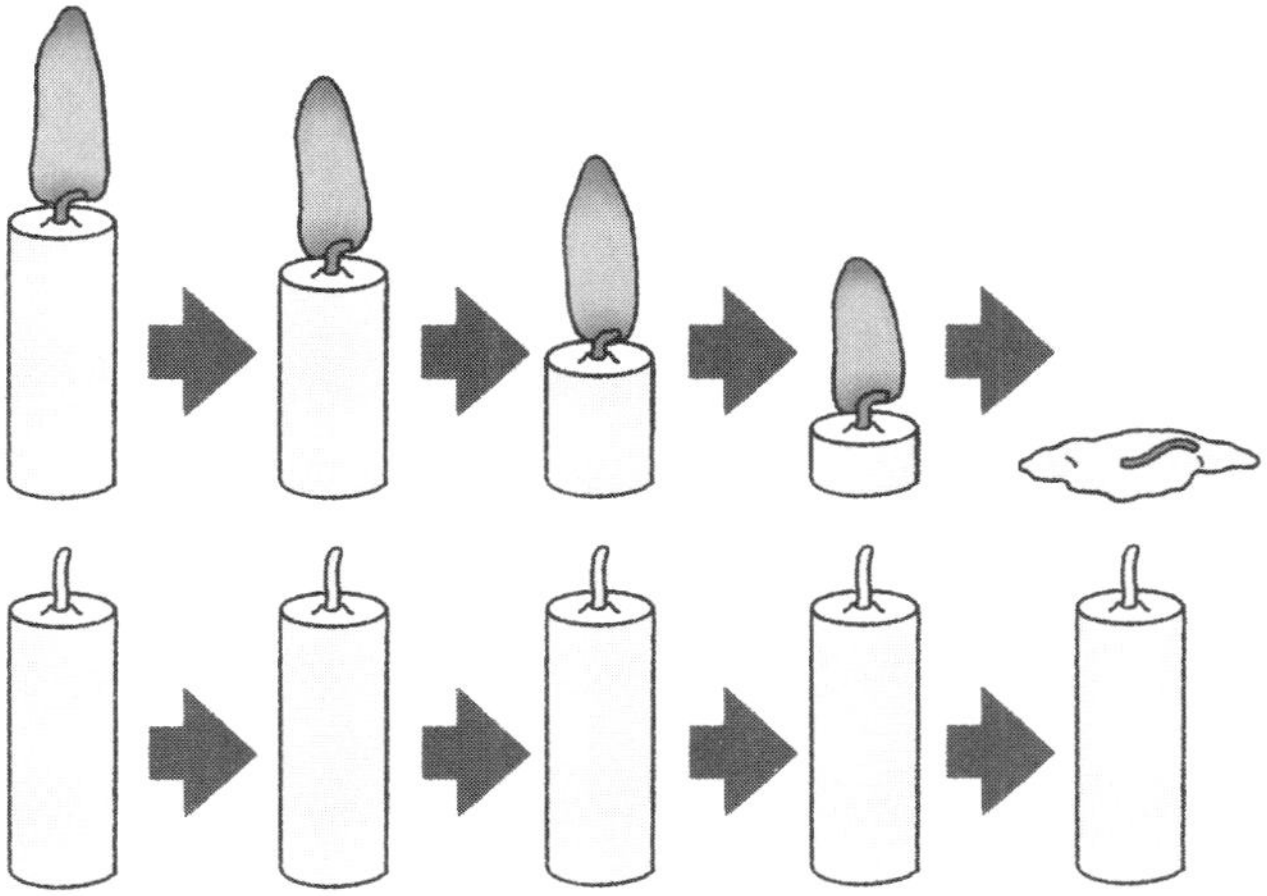

図1-4.　ろうそくでわかる、時間の変化

ろうそくに火をつければ、ろうそくの長さの変化から時間の経過を認識できる（上）。ろうそくに火をつけないかぎり、私たちには時間がたっていることを確かめる手段がない（下）。

の長さの変化から時間の経過を認識できますね。一方、ろうそくに火をつけなければ、私たちには時間の経過を確かめる手段がありません（図１－４）。アリストテレスは、「時間というものは運動や変化がおきてはじめて認識できるものであり、運動や変化がなければ時間もない」と考えたのです。

古代の人々に時を告げた「天体の動き」

さて、冒頭でも少し触れましたが、古代の人々は天体の動きによって時の流れを把握していました。太陽が沈み、また昇れば「1日」という時間がすぎたことがわかり、ふたたび満ちれば「1か月」という時間がすぎたとわかります。空をめぐる天体こそが、昔の人たちにとっての時計だったのです。

小学校に「日時計」が置いてあるのを見たことはありませんか。日時計は世界最古の時計で、紀元前4000年ごろ、古代エジプトなどで使われていました。日時計の基準となる太陽は、沈んでもまた昇ってきます。天体の運行は何度もくりかえすものですので、それを基準にしていた人々にとって、時間もまた循環するものでした。

さらに天体の動きは、1年の長さも教えてくれます。古代エジプトの人々は、全天でいちばん明るい星であるシリウスが、夜明け直前に東の地平線から昇るときを、1年のはじまりと定めていました（図1−5）。季節の訪れを正確に知るこ

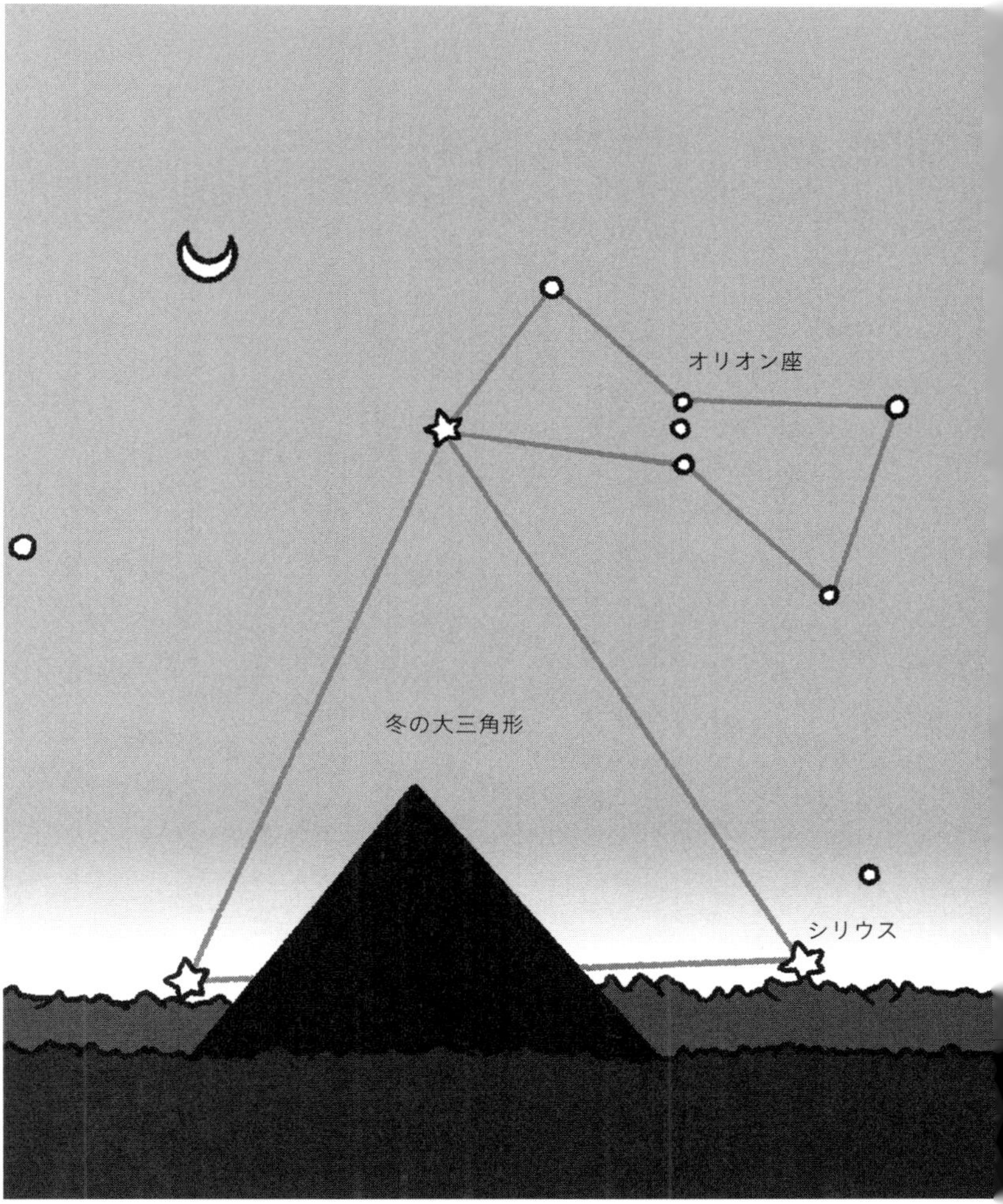

図1-5.　古代エジプトの暦における、初日の出の想像図

ギザのピラミッドの西側からながめた、当時の初日の出。シリウスが夜明け直前に昇る日（現代の暦では7月下旬）を1年のはじまりと定めていた。

とは、ナイル川のはんらんの時期を予見したり、種まきの最適な時期を見さだめたりする上で、きわめて重要な意味をもっていたのです。

さらに古代エジプトの人々は、1日を昼と夜に分け、それぞれを12個に区切って1時間の長さも決めていました。ただし、昼の長さは冬より夏のほうが長いため、冬の1時間よりも夏の1時間のほうが長いことになります。今では考えられないことですが、季節によって1時間の長さはまちまちだったのです。

「振り子の振動」は天体の運動にかわる新たな基準

天体の動きを基準にすることは、精密な時間を定めて利用する際、やはり不便でした。ですが、中世まで不正確な日時計や機械時計、水時計しか存在しませんでした。しかし、その状況を一変させる人物があらわれます。イタリアの科学者、ガリレオ・ガリレイ（図1−6、1564〜1642）です。

1583年のある日、当時医学生だった18歳のガリレオは、ピサの大聖堂の天井からつるされたシャンデリアのゆれをながめているときに、あることに気づい

図1-6.　ガリレオ・ガリレイ

たといわれています。それは、シャンデリアは大きくゆれているときも、小さくゆれているときも、1往復にかかる時間がいつも同じ、ということでした。ガリレオが発見したこの法則は「振り子の等時性」とよばれています。

たとえば長さ1メートルの振り子は、ゆれが大きくても小さくても、振り子の重さにかかわらず、1往復にかかる時間はいつもほぼ2秒です。逆にいえば、長さ1メートルの振り子を用意し、適当にゆらしさえすれば、2秒の長さを正しく知ることができます。このように、同じ長さの振り子が1往復するのにかかる時間は、ゆれの大きさやおもりの重さに関係なく、つねに一定になるのです（図1-7）。ガリレオの発見により、振り子があれば、

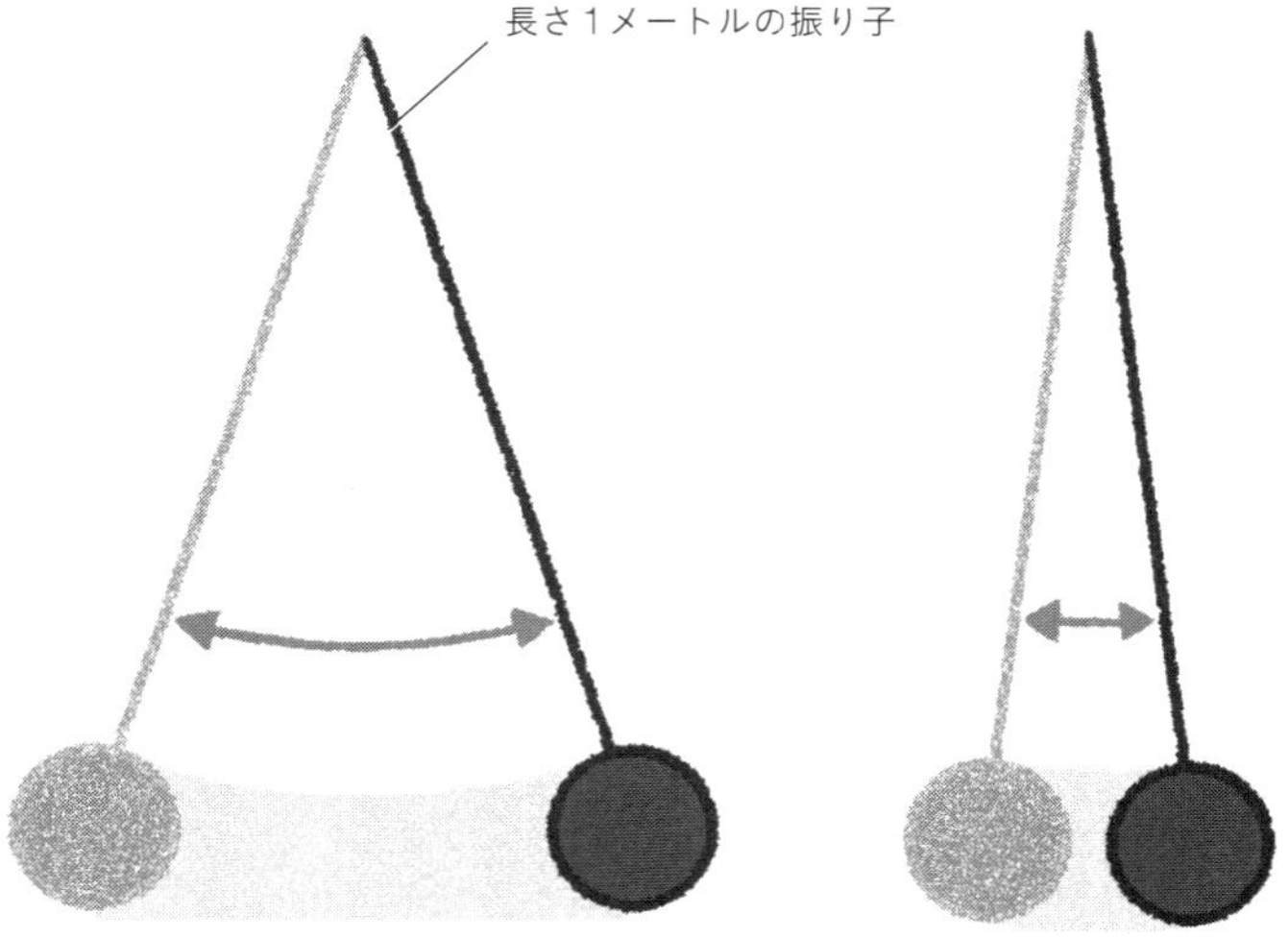
大きくゆらす
小さくゆらす
1往復にかかる時間はどちらもほぼ2秒

図1-7.　振り子の等時性

一定間隔で時をきざむ正確な時計がつくれることが明らかになりました。これが振り子時計の原理です。

ガリレオは振り子時計の完成を目指して研究を重ねたといわれていますが、残念ながら完成させることはできませんでした。実用にたえうる振り子時計を開発したのは、オランダの物理学者クリスティアン・ホイヘンス

（１６２９〜１６９５）です。振り子の等時性の発見から70年以上たった、１６５６年のことでした。

実は、おもりをひもや棒でつるしただけの単純な振り子では、厳密には振れ幅が大きくなるほど周期がわずかに長くなってしまい、時計の精度が落ちてしまいます。ホイヘンスは振り子のつり下げ方を工夫することで、このずれを補正し、振り子時計の実用化に結びつけました。

それまでの時計は1日に15分ほどずれるのが普通でしたが、ホイヘンスの振り子時計は、そのずれを15秒以下におさえられました。この振り子時計が普及するにつれ、「はかるたびに伸び縮みする1時間」のイメージは、「いつも一定の長さできざまれる1時間」に変わっていったのです。

宇宙のすべては同じ時をきざむ？

振り子時計が発明された17世紀には、時間の概念の歴史において、ほかにも重要なイベントがおきました。アイザック・ニュートンがあらわれたのです。

1687年にニュートンは著作『プリンキピア』の中で、「絶対時間」とよぶ新しい時間の概念をとなえました。ニュートンが考えた絶対時間とは、物体の有無や、運動をしている・していないにかかわらず、ただひたすら一定のテンポできざまれる時間のことです。仮に、宇宙にあるすべての時計がなくなってしまったとしても、依然としてそこに時間は流れており、さらには時計だけでなくすべての物質がきれいさっぱりとなくなり、ただの空虚な空間になってしまったとしても、やはり時間は流れつづけると考えるのです。

絶対時間は、宇宙のすべてを乗せて、どこまでも一定の速度で流れていく直線的なベルトコンベアのようなものです。宇宙の何ものも、絶対時間という名のベルトコンベアからのがれることはできず、宇宙のあらゆるものが同じテンポで時をきざみつづけると考えます。

当時、ニュートンの絶対時間には反論もありました。そのうちもっとも強く反論した人物は、ドイツ生まれの科学者ゴットフリート・ライプニッツ（1646〜1716）です。彼は「時間とは複数の物事の順序関係にすぎない。したがって、物事とは無関係に流れる絶対時間など存在しない」と反論しました。

しかし結局ライプニッツの反論は、絶対時間を基礎に置く「ニュートン力学」の大きな成功にかき消されてしまいます。ニュートン力学は物の動きを解き明かす、物理学全体の基礎となるきわめて重要な理論です。絶対時間の概念は定着し、人々の常識となりました。

時間の常識をくつがえす「特殊相対性理論」

ニュートン力学をはじめとする物理学は、「時間はすべての人に共通のリズムで流れている」とする絶対時間の考え方を基礎に発展していきました。ところが１９０５年、アルバート・アインシュタインが「特殊相対性理論」をとなえたため、絶対時間の考え方は根本からくつがえされてしまいます。

時間と空間についての革新的な理論である特殊相対性理論によると、高速で運動する物体の時間の進みはゆっくりになります。運動の速度が光の速さに近づくほど、時間の遅れは強まり、光の速さに達すると時間は止まってしまいます。

身近なもので考えてみましょう。特殊相対性理論の計算によれば、時速２００

キロメートルで通過する新幹線の時計は、駅のホームで静止している人から見ると、1秒あたり100兆分の2秒ほど遅れます。また時速1000キロメートルで飛ぶジェット機の時計は、静止している人から見ると1秒あたり1兆分の1秒ほど遅れることになります。つまり、新幹線やジェット機の外の人から見ると、新幹線やジェット機の中の人はほんの少しだけスローモーションになっているのです。

時間の概念に革命をおこしたアインシュタインは、1915年から1916年にかけて「一般相対性理論」を発表し、さらなる〝時間革命〟をおこしました。一般相対性理論は「重力」についての理論で、質量をもつ物体のまわりでは時間と空間はゆがみ、そのゆがみが重力の正体であることを明らかにしました（図1－8）。

一般相対性理論によると、重力が強い場所ほど時間がゆっくり流れることになります。たとえば地球の中心からはなれるほど、地球の重力は弱まります。そのため、標高8848メートルのエベレストの山頂に置かれた時計は、海抜0メートルに置かれた時計にくらべて、100年あたり300分の1秒ほど速く進むこ

図1-8.　質量をもつ物体のまわりでは、時間と空間がゆがむ

とになります。

ただ、高速で動いたり、実際に高いところに登ったりして、時間の速さのちがいを感じたことがある人はいないでしょう。私たちが日常的に経験する速度は、光の速さ（秒速30万キロメートル）にくらべてずっと小さく、重力の変化もきわめて小さいです。そのため時間の伸び縮みはあまりに小さく、気づくことができません。

しかし、相対性理論の効果に気づけないからといって、私たちの生活とまったく関係ないということはありません。実は相対性理論は身近なところでも活躍しています。たとえばGPSを搭載したカーナビや地図アプリを使うと、地図上で自分の位置を割りだしてくれますね。カーナビはGPS衛星からの電波を受信して、電波が届く時間と電波の速度から距離を求めて現在位置を割りだしています(図1−9)。このときGPS衛星のある上空と地表とでは重力の大きさがちがうため、一般相対性理論の効果によって時間の進み方にずれが生じます。また、GPS衛星は時速約1万4000キロメートル(秒速約4キロメートル)という速い速度で飛んでいるため、特殊相対性理論による時間の遅れの影響もあらわれます。この二つの点を考慮し、補正してはじめて、正しい位置が割りだせるのです。

アインシュタインの相対性理論については、第2章でさらに深掘りします。

図1-9.　カーナビや地図アプリはGPS衛星からの電波を受信し、現在位置を割りだしている

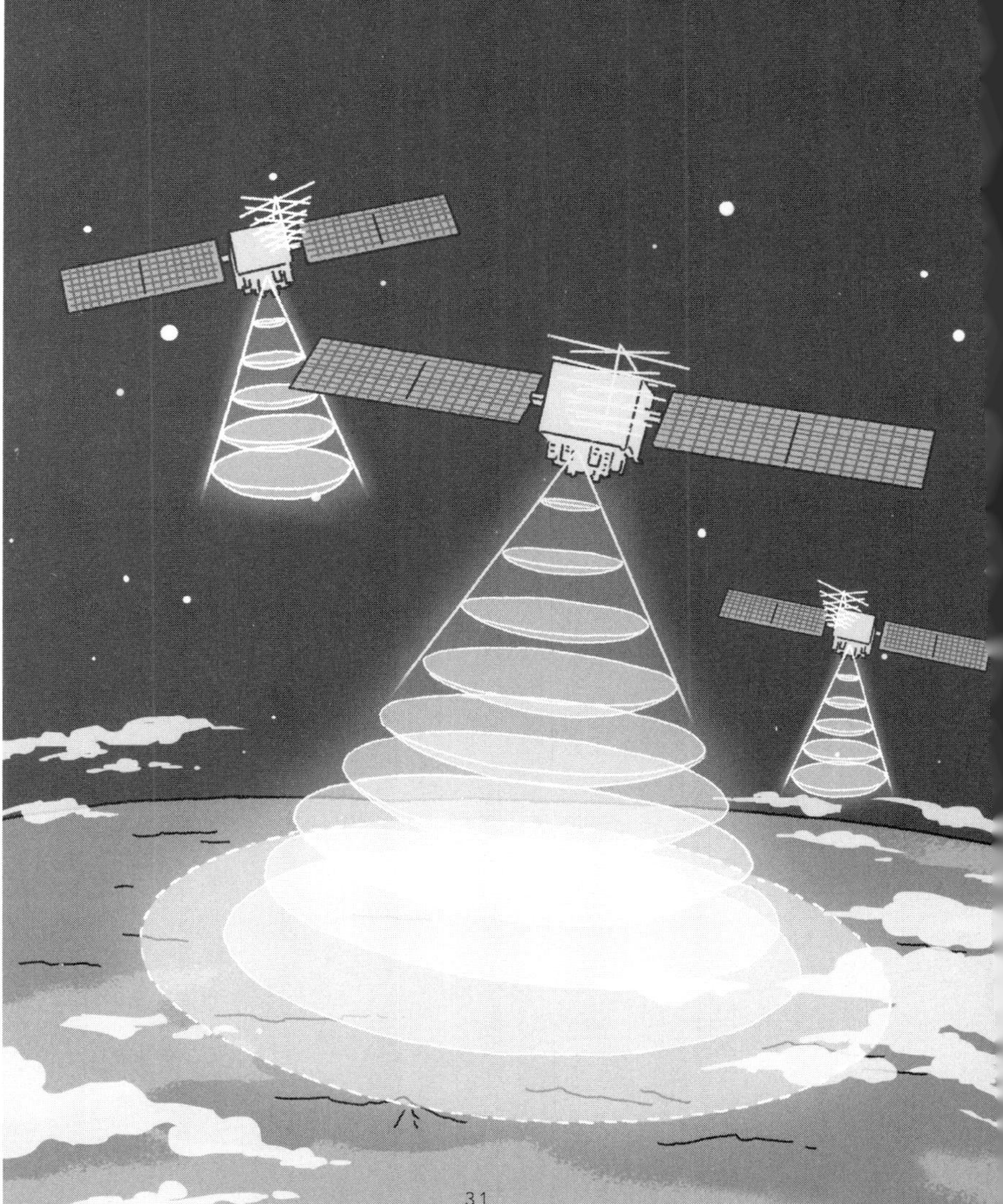

第2章

時間は伸び縮みする

光の速度はだれが観測しても同じ

第2章では、時間の考え方に革命をもたらしたアインシュタインの「相対性理論」について、くわしく見ていきます。相対性理論は時間と空間、そして重力について、それまでの常識を大きくくつがえした「世紀の大理論」です。

よく相対性理論とひとまとめによばれますが、実は相対性理論には「特殊相対性理論」と「一般相対性理論」の二つがあります。1905年、特許局の職員だった26歳のアインシュタインは、ニュートン力学にかわる特殊相対性理論をつくりあげました。この理論は「光速度不変の原理」と「相対性原理」という二つの原理を土台としています。相対性理論を理解するには、この二つの原理をおさえる必要があります。まずは光速度不変の原理について考えていきましょう。これは光の速度はだれから見てもつねに変わらないという原理です。

通常、一般的な物の速度は見る人の立場によって変化します。たとえば、ピッチャーが時速150キロメートルの速球を投げるとします。すると当然、キャッチャーには時速１５０キロで球が届きます。次に、レール上をなめらかに動く車輪つきの台に乗って、ピッチャーが時速20キロで前進しながら、時速１５０キロで球を投げた場合を考えてみます。すると今度は本来の球速の時速１５０キロに前進した分の時速20キロが足され、キャッチャーには時速１７０キロの剛速球が届きます。

次は、ピッチャーが前進せずに時速１５０キロで投げた球を、キャッチャーが時速20キロで前進しながら捕球する場合を考えてみましょう。球速とキャッチャーの前進する速度が足されるため、キャッチャーが見た球速は時速１７０キロになります。しかしピッチャーにとっては、自分が止まっていようと前進していようと、自分が投げた球の速さは時速１５０キロに見えます。これらの例から、速度というのは「絶対的」なものではなく、見る立場によって容易に変わる「相対的」なものだということがわかります。

今度は球のかわりに光を使って考えてみましょう。光の速度は、秒速約30万キロメートルです。前進しながら光を放てば、先ほどのピッチャーが投げた球と同じように、観測者から見ると光の速度は速くなりそうですよね。しかし実際には光の放出源（光源）や観測者がどんなに速く動こうとも、光の速度はつねに秒速約30万キロメートルで変わりません。誰から見てもいつも必ず光の速度は30万キロメートルに見えるのです。これは私たちの日常的な速度の常識に反する現象ですので、困惑する方もいるかもしれません。しかしこれこそが光の速度はつねに変わらないという光速度不変の原理なのです。１９６４年にＣＥＲＮ（ヨーロッパ原子核研究機構）にある加速器を使って行われた実験においても、この原理は確認されました。

光速はつねに一定であるという光速度不変の原理から、光速は自然界の最高速度（速度の上限）である、ということもみちびくことができます。たとえば、超高性能な宇宙船に乗って、速度を上げながら、ときどき宇宙船から前方に光を放つことを想像してみてください。その光を宇宙船の中から観測すると、光速度不変の原理にしたがって、光はつねに宇宙船から光速（秒速約30万キロメートル）で前方に進んでいきます。つまり、宇宙船がどれほど加速しようとも、光を追い抜く（光速をこえる）ことは原理的に不可能なのです。だれから見ても速度は変わらず、そして追い越すことはできない —— 光とはそのように奇妙なものだったのです。

飛行機の中は、地上と同じ

ここからは相対性理論のもう一つの土台「相対性原理」について紹介します。相対性原理とは簡単にいうと、地上でも、猛烈なスピードで飛行する飛行機の中でも、同じ物理法則が成りたつ、という原理です。

上空を時速100キロメートルで安定して飛行している飛行機に乗っているとします。飛行機が旋回や上昇・下降、加速・減速をしないかぎり、飛行機の中は快適で、本当に猛烈な速度で飛んでいることはなかなか実感しづらいでしょう。実際に私たちは高速の飛行機の中で、停止しているときと同じように動けますし、ボールを投げても地上で投げたときと同じ運動をします。

このように、一定の速度で進んでいる（等速直線運動をしている）かぎり、家の中であろうが、飛行機の中であろうが、宇宙船の中であろうが、どこでも同じように物体は運動します。つまり同じ物理法則が成りたっているわけです。これが相対性原理です。

ただし、加速や減速が行われた場合は、この原理はあてはまらなくなります。たとえば飛行機が加速した場合、電車が発進したときと同じように、機内の人は「飛行機のうしろの方向への「慣性力」とよばれる力を受けて、後方へと押しやられます。このとき人だけでなく、機内のすべての物にうしろ向きに力がかかるため、飛行機の中の物の動き方は等速直線運動をしていたときとはことなります。

ちなみに、相対性原理を最初に見いだしたのはアインシュタインではなく、ガリレオ・ガリレイでした。ガリレオは「重い物でも軽い物でも、同じ距離を自由落下するときにかかる時間は変わらない」という「落体の法則」などを発見した、イタリアの科学者です。ガリレオの相対性原理は、基本的に今紹介した相対性原理と同じですが、あくまでも光速よりも十分に遅い運動に関するものでした。アインシュタインはガリレオの相対性原理を発展させ、物体の運動だけでなく、つねにその速度が変わらない「光」にもこの原理があてはまると考えて、相対性理論を構築したのです。

速く動くと時間は遅れる

では、ここまでお話しした光速度不変の原理と相対性原理をもとに、いよいよ特殊相対性理論について説明します。アインシュタインが１９０５年に発表した特殊相対性理論は、時間の進み方は立場によってことなるという、それまでの常識をくつがえすものでした。特殊相対性理論について、光速に近い速さで飛ぶ宇宙船の中の時間で考えてみましょう。

宇宙船の中の時間をはかるために「光時計」という仮想の時計を使用します。光時計は筒状で、筒の長さは光が１秒間に進む距離、約30万キロメートルです。この光時計では筒の底面から光が放たれ、上面に届いたら１秒とカウントされます（図２−１の１）。この光時計を宇宙船の中に設置しておきます。

まず、光速の50％で飛ぶ宇宙船を考えてみましょう。相対性原理から、高速で飛ぶ宇宙船の中でも、静止した場所と同じ物理法則が成りたちます。ですから、宇宙船の中から見ると、光時計の光は秒速約30万キロメートルでまっすぐ上に進み、約30万キロメートルを進んで上面についたら1秒とカウントされます。

ここまでは何も不思議なことはなさそうです。しかし、この宇宙船の中の光時計を、地上の静止した場所から見ると、時間が遅れるという現象があらわれます。

高速で飛ぶ宇宙船の中の光時計を地上の静止した場所から見ます。すると、光時計は宇宙船とともに水平移動しているため、その底面から放たれた光は、地上からは斜め上に進むように見えるはずです。そのため光が光時計の天井に到達するまでには、30万キロメートルよりも長い距離を進む必要があります。しかし光速度不変の原理により、静止した場所から宇宙船の中の光を見ても、その速さは秒速30万キロメートルで一定です。したがって、高速で飛ぶ宇宙船の中の光時計が1秒をカウントするまで（光が天井に達するまで）には、静止している人にとっては1秒以上（計算すると約1・15秒）の時間がかかってしまうでしょう（図2−1の2）。つまり、地上にくらべて宇宙船の中の時間の流れは遅くなっているのです。

さらに宇宙船が光速に近づくと、時間の遅れはより顕著になります。たとえば光速の99・9999991％（世界最大級の加速器「LHC」で陽子を加速した場合の速さ）まで加速すると、運動している光時計が1秒をきざむまでに、静止している光時

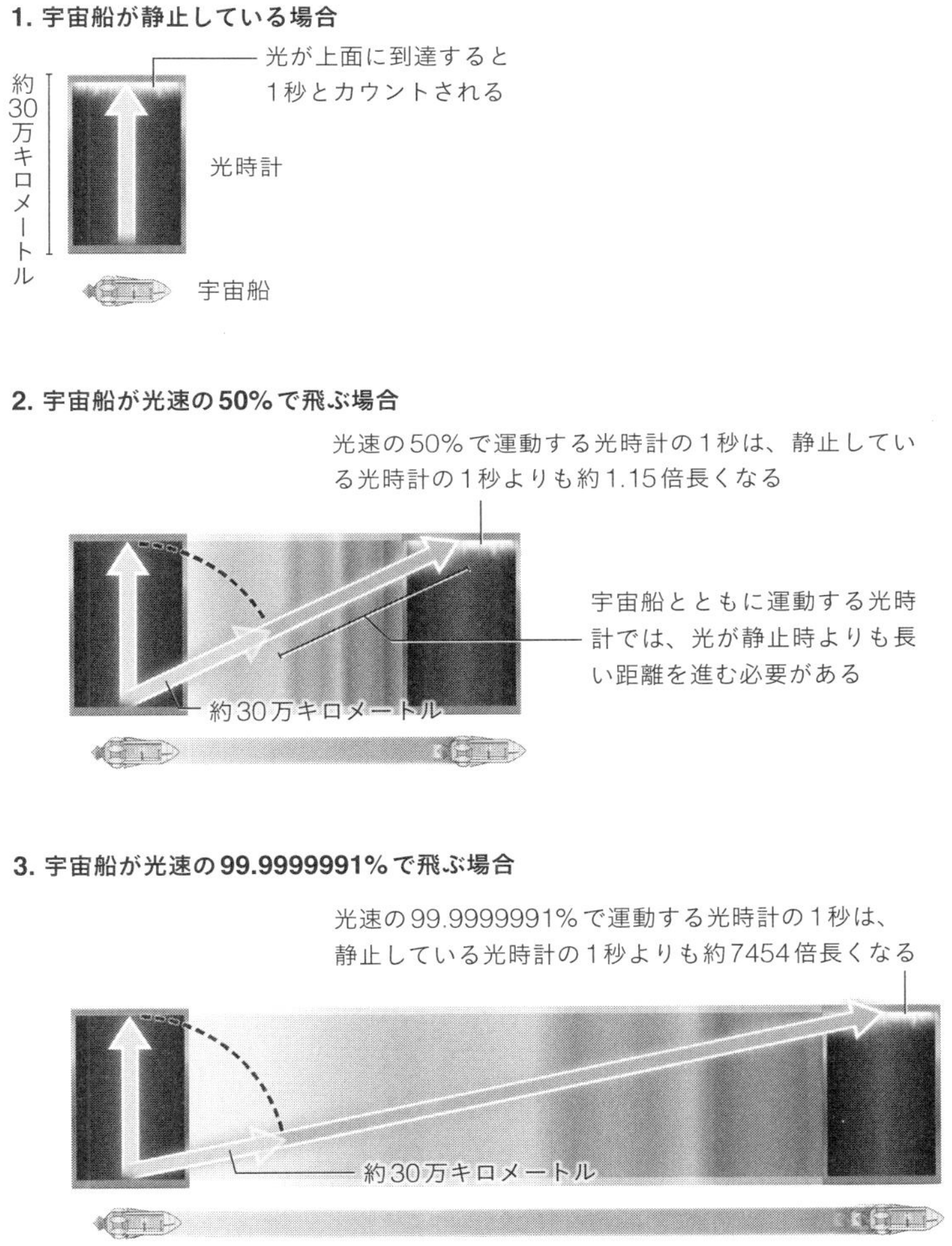
1. 宇宙船が静止している場合
光が上面に到達すると
1秒とカウントされる
約30万キロメートル
光時計
宇宙船
2. 宇宙船が光速の50%で飛ぶ場合
光速の50%で運動する光時計の1秒は、静止している光時計の1秒よりも約1.15倍長くなる
宇宙船とともに運動する光時計では、光が静止時よりも長い距離を進む必要がある
約30万キロメートル
3. 宇宙船が光速の99.9999991%で飛ぶ場合
光速の99.9999991%で運動する光時計の1秒は、
静止している光時計の1秒よりも約7454倍長くなる
約30万キロメートル

図2-1.　地上で静止した人から見た宇宙船内の光時計

計は何と7000秒以上も進むのです（図2－1の3）。

このように特殊相対性理論は、時間の進み方は立場によって変わり、速く動くものほど時間が遅れることを明らかにしました。特殊相対性理論によってみちびかれる時間の遅れは、さまざまな実験によって確かめられており、「だれにとっても共通に流れる時間」というものは存在しないということが証明されています。

また、特殊相対性理論によると、時間とともに空間も伸びたり縮んだりします。観測者から見た運動速度が速いほど、時間の流れは遅くなり、同時に空間が縮むのです。

たとえば、光速の60％で飛ぶ宇宙船を地上で静止した観測者が見ると、宇宙船内の時間が遅れるだけでなく、宇宙船の長さが進行方向に0・8倍に縮んでしまいます。このように時間と空間は一体となって、伸び縮みするのです。

ここで一つ注意する点があります。それは「時間の遅れはおたがいさま」ということです。たとえば先ほど地上から高速で飛ぶ宇宙船を見ると宇宙船内の時間が遅れる例を紹介しました。しかし今度は視点を変えて、高速で飛ぶ宇宙船の中から地上を見てみましょう。宇宙船内の人にとっては、宇宙船の中は静止しているときと変わらず、逆に地上の方が猛烈なスピードで動いているように見えます。そのため、先ほどの例とまったく同じしくみで、宇宙船内の人にとっては、地上の時間の方が遅れることになるのです。

これは空間の縮みについても同様です。宇宙船内の人からすると、猛烈なスピードで動いて見える地上（宇宙船の外）の方が、長さが縮みます。受け入れがたいかもしれませんが、特殊相対性理論によると、時間の遅れや空間の縮みはおたがいさまなのです。

見る立場によって何が「同時」かはことなる

特殊相対性理論がみちびく常識はずれな結論は、時間の遅れだけではありません。特殊相対性理論によると、ある人にとっては同時におきた二つの出来事が、別の人にとっては同時ではないということがありえるのです。

光速に近い速さで右向きに進む宇宙船を例にあげて考えてみましょう。宇宙空

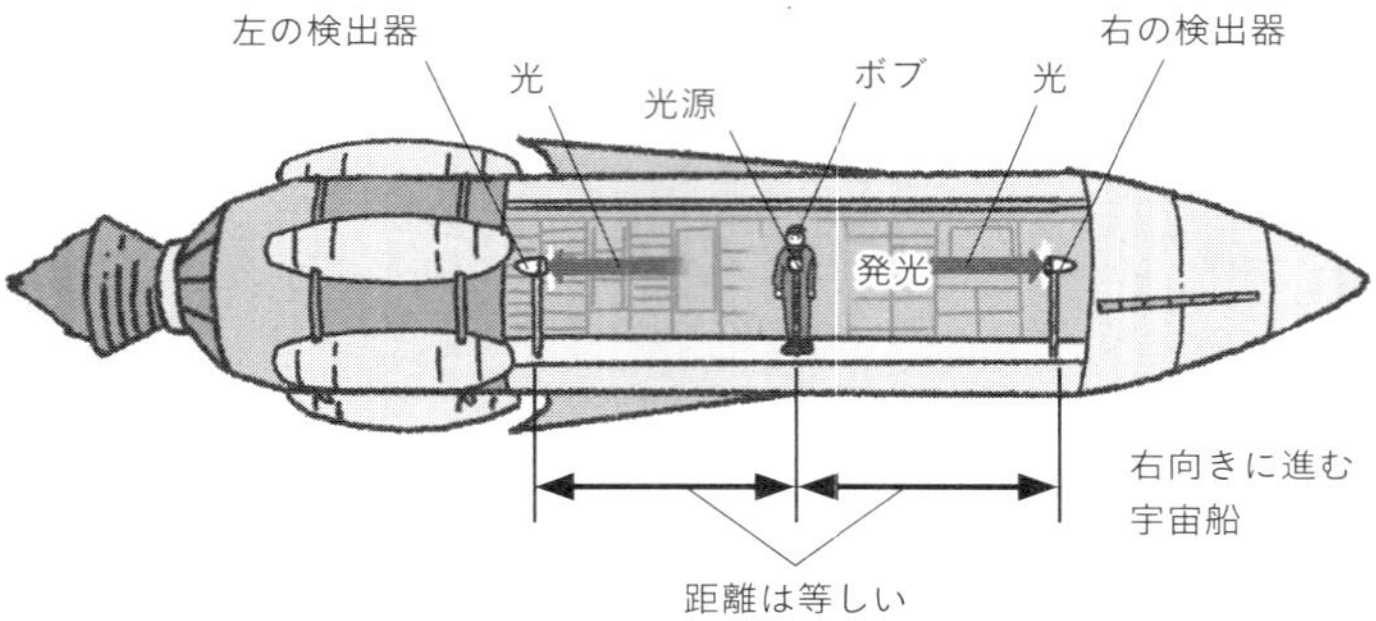

図2-2.　ボブにとって、光は左右の検出器に同時に到達する

間に静止したアリスが宇宙船を外からながめており、宇宙船にはボブが乗っていま す。宇宙船の中央に光源があり、その左右には等距離に二つの光検出器があります。

中央の光源から光が発せられました。船内のボブから見ると、発せられた光は、光速度不変の原理によって左右二つの検出器に同時に届きます(図2－2)。

ではこの光を、宇宙船の外にいるアリスから見るとどうなるでしょうか。光速度不変の原理によって、アリスから見ても光は左右に同じ速さで進みます。しかし宇宙船は右向きに進んでいるため、右側の検出器は光から逃げ、左側の検出器は光に近づきます。その結果、アリスから見ると先に

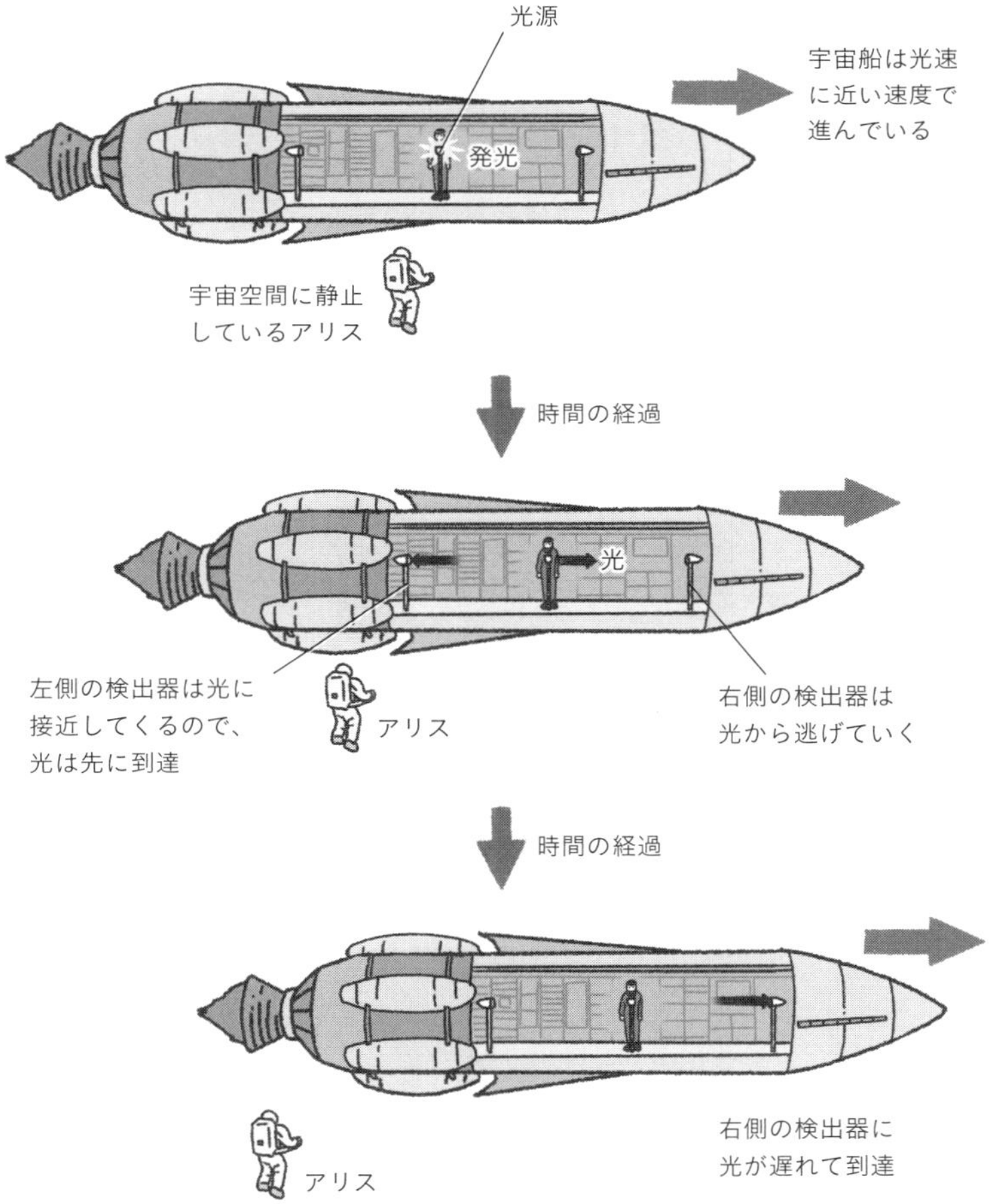

図2-3.　アリスから見た宇宙船

アリスから見ると先に左側、次に右側の検出器に光が届く。

左側、次に右側の検出器に光が届くことになります（図２－３）。

ボブにとっては左右同時に光が届いたにもかかわらず、アリスにとっては左、右と順々に光が届くということは、ボブにとっては同時におきた二つの出来事が、アリスにとっては同時ではないということです。日常的な感覚からはなかなか理解しがたい現象ですが、これが特殊相対性理論の正しい帰結であり、この現象を「同時性の破れ」といいます。

このことを掘りさげていくと、さらに奇妙なことがわかります。時間と空間は「見る人によって入りまじる」のです。いったいどういうことなのか、順を追って説明しましょう。

図２－４は、宇宙船の外にいるアリスから見た宇宙船の中の様子を、時間の経過に沿って下から順に並べたものです。横軸は宇宙船の外にいるアリスにとっての空間軸で、同一時刻における空間的な位置をあらわします。縦軸は時間軸で、上に行くほど未来になります。このような図を時空図といいます。宇宙船の外にいるアリスから見て、光源が発光した瞬間が時刻０、後方の検出器に光が当たった瞬間が時刻３だったとします。宇宙船のボブにとっても、うしろの検出器に光

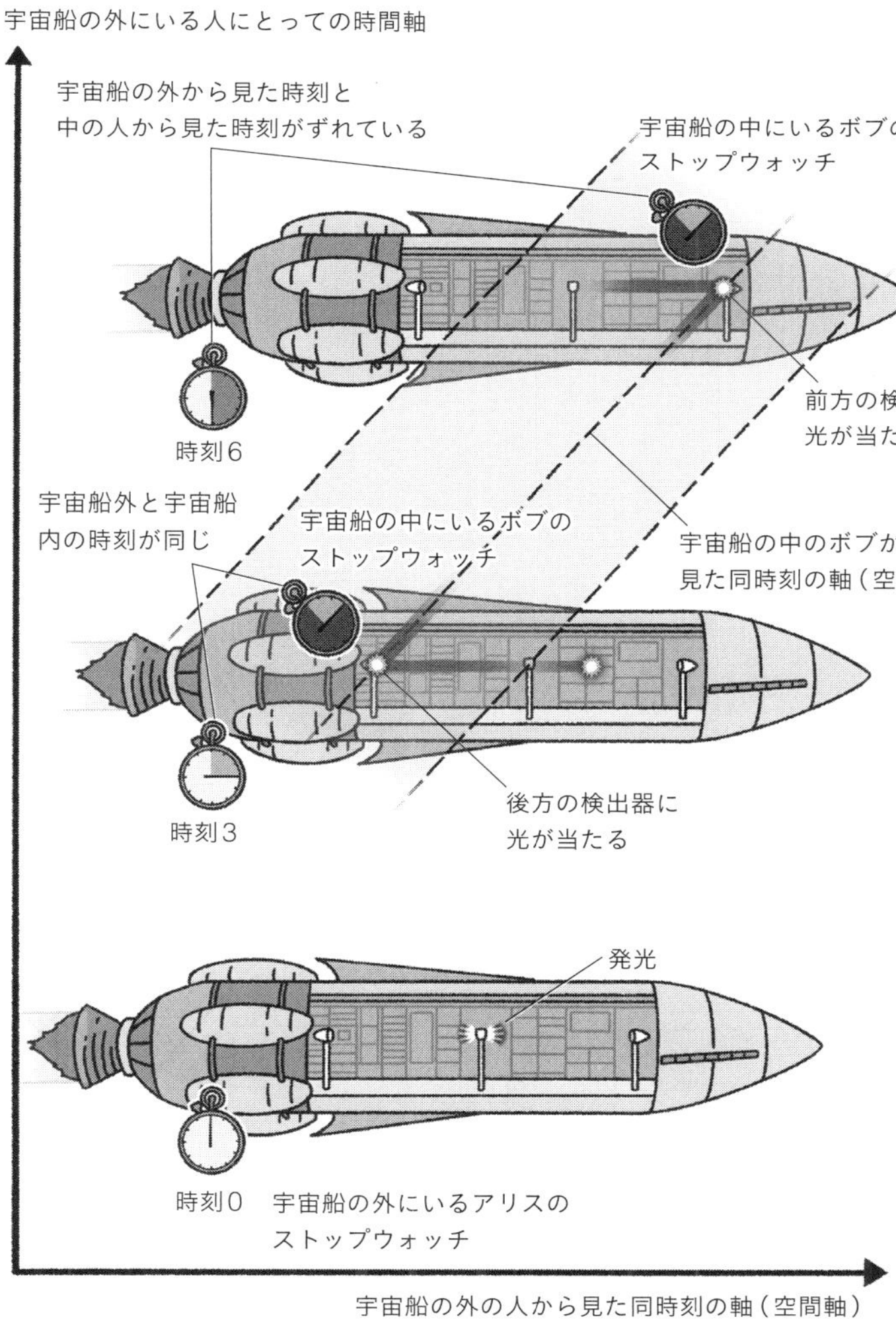

図2-4.　同時刻の軸と時間軸は、立場によってことなる

が到達した瞬間を時刻3とします。

宇宙船の外にいるアリスにとって、前方の検出器に光が当たるのは、時刻3から見た未来である時刻6の瞬間となります。なぜなら前述のように、前方の検知器に光が当たるのは、後方の検出器に光が当たることよりも遅れるからです。

今度は宇宙船の中のボブの視点で考えます。前とうしろの検出器に光が当たるのは同時刻の出来事です。つまり、どちらの現象も時刻3に同時におきます。ボブにとって、宇宙船の前方の検出器に光が当たるのは、時刻3時点の現在の出来事になるのです。

これを時空図にあらわすと、ボブから見た同時刻の軸(空間軸)が、アリスの同時刻の軸に対して傾いていることになりますね。このように、同時刻の軸と時間軸は立場によってことなるのです。これはつまり、だれにとっても共通な空間や時間は定められず、両者は見る人によってまざりあうことを意味します。これが、相対性理論がみちびく「時間と空間の入りまじり」です。

私たちは過去・現在・未来という時間の流れをすべての人の間で共有していると思いがちです。しかし特殊相対性理論によると、ある人にとっての「現在」の出来事が、別の人にとっての「過去」や「未来」の出来事にもなりえます。にわかには信じられないかもしれませんが、たとえば今この瞬間（現在）という言葉も、いったいだれにとっての今なのかを決めないと、実は意味をなさなくなります。何が過去で、何が現在で、何が未来かは、見る人の立場（運動の速度）によって変わるのです。

ちなみに、日常生活の中でこういった時間のずれを感じることはありません。あくまで光の速さに近い速度で運動したり、遠い宇宙のかなたのことを考えたりしないかぎりは、時間のずれは問題にならないほど小さいのです。

スカイツリーの展望台と地上では、時間の進み方がちがう

特殊相対性理論から10年後の1915年、アインシュタインはさらに奇妙な理論を発表しました。時間と空間のゆがみによって重力を説明する「一般相対性理論」です。この理論によると、時間の進み方は重力によっても変わるといいます。

重力源となる天体の質量が大きいほど、また重力源に近いほど、時間はゆっくり進むのです。

たとえば、重力が大きな太陽の表面では地球上よりも時間がゆっくり進みます。その割合は100万分の2、つまり地球上で100万秒（12日弱）が経過すると、太陽にある時計が2秒遅れるという具合です。さらに、くわしくはのちほど紹介しますが、巨大な重力源であるブラックホールの表面では、時間が止まって見えます。

こうした時間の遅れは、実は地球上でもおきています。地球の中心からはなれた場所、つまり標高の高い場所では重力が小さいため、時間が速く進むのです。実際に光格子時計という超高精度の時計を使うことで、スカイツリーの展望台と地上では時間の進み方がことなることが確かめられています。

この検証は2020年に東京大学、理化学研究所、国土地理院、大阪工業大学のグループによって行われました。スカイツリーの地上階の時間と、地上450メートルの展望台の時間との進み方のちがいを、光格子時計を用いて測定したところ、展望台の時間のほうが1日で10億分の4秒だけ早く進むことが測定できたのです（図2－5）。

これがどれほどの差かというと、展望台で80年間暮らすと、地上の人にくらべて0・1ミリ秒ほど長い人生を過ごすことになります。まさに驚異的な精度をもつ光格子時計だからこそ検出できる、極微の差です。

逆に、時間の進み方のちがいを測定することで、高低差を検出することもできます。この技術を応用すれば、火山の中腹に光格子時計を設置して地殻変動によるわずかな高低差を測定し、噴火の予兆を調べることなどができると期待されています。

なお、アインシュタインは、重力というのは、加速や減速をする乗り物の中などで感じる「慣性力」と本質的に同じものであることを発見しています。ですから、急激な加速・減速をする乗り物の中は、重力が強い場所と同じことになり、やはり時間が遅れます。

図2-5.　スカイツリーの展望台と地上では、時間の進み方がちがう

展望台の時間のほうが、1日で10億分の4秒だけ早く進むことが、光格子時計で測定できた。

ブラックホールの表面では時間が止まる？

巨大な重力をもつ天体「ブラックホール」の周囲では時間の進み方はどうなるのでしょうか。ブラックホールに近づいていく宇宙船を例にあげて考えてみましょう。

ブラックホールの重力はあまりにも大きく、光さえものがれられずに吸いこまれてしまいます。その強大な重力のため、ブラックホールの周囲では時間が遅れます。

宇宙船がブラックホールに近づいていくと、はじめは宇宙船は重力に吸い寄せられ、ブラックホールに向かってどんどん加速していくように見えます。しかしある程度近づくと、時間の流れが遅くなるため、動きがゆっくりになります。そしてブラックホールの表面までくると、最終的には完全に〝凍結〟したように見えます（図2－6）。ブラックホールの表面では、なんと時間が止まってしまうのです。

ただし時間が止まって見えるのは、あくまでブラックホールに落ちていく物体をはなれた場所から見た場合にかぎります。仮に私たちが宇宙船に乗ってブラックホールに向かったなら、スローモーションになるわけではなく、地球で生活しているときと同じように時間の流れを感じます。そして宇宙船の中の私たちにとっては、普通にブラックホールの中に落ちていくことになるのです。

では、ブラックホールの内側の時間や空間は、どうなっているのでしょうか。ブラックホール内部では、その巨大な重力によって、光を含めたすべてのものがブラックホールの中心の1点に向かって落ちこんでいきます。つまり、過去から未来にしか進めない時間と同じように、あらゆるものが空間を一方向にしか移動できなくなるのです。少しむずかしいですが、これは空間が時間的になる、ということを意味しています。

また、ブラックホールの内部では不思議なことがおこります。あくまで一般相対性理論の数式上の話になりますが、時間に関する項が、通常の空間に関する項と同じような形式に変わってしまうのです。このことからも、ブラックホールの内部は時間が空間的になっているといえるでしょう。

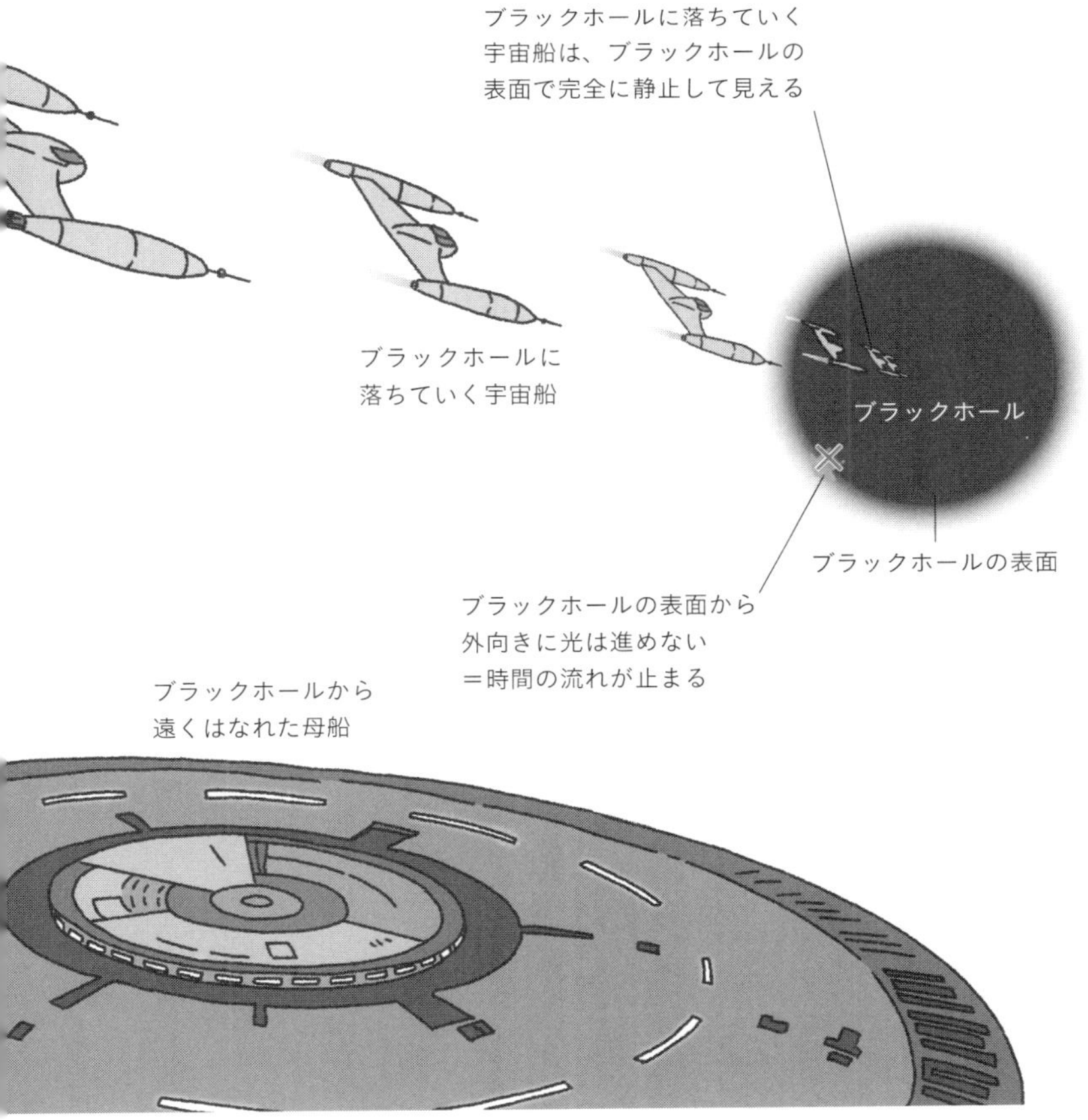

図2-6.　ブラックホールの表面では時間が止まって見える

宇宙船の中の人は時間の流れを感じるため、地球で生活しているときと同じ感覚で、ブラックホールの中に落ちていくことになる。

ただし、それが具体的にどういう現象を意味しているのかは、よくわかっていません。ブラックホールの中心部の時間や空間は、未だ謎に包まれているのです。

第3章

時間の正体とは何か

時間は一方向にしか流れない

第3章では、いよいよ時間の正体にくわしくせまっていきます。まずは、なぜ時間は過去から未来へ一方向にしか流れないのか、ということについて考えてみましょう。時間が過去から未来へ一方向にしか流れない理由は、実はニュートン力学でも、時間の概念に革命をおこした相対性理論でも説明できません。次のような例で考えてみましょう。

あなたは、太陽系の外で見つかった未知の惑星の公転運動を記録したフィルムを受け取りました。ところがあなたは、このフィルムの正しい再生方向を聞きそびれてしまいます。フィルムをある方向に再生すると、右まわりにまわる惑星の映像が映しだされます。そして逆まわしにすると、左まわりになります。どちらの映像にもまったく不自然さは見られず、このままでは惑星の公転が本当は右まわりなのか、それとも左まわりなのかを正しく判断することはできません。(図3－1の右)

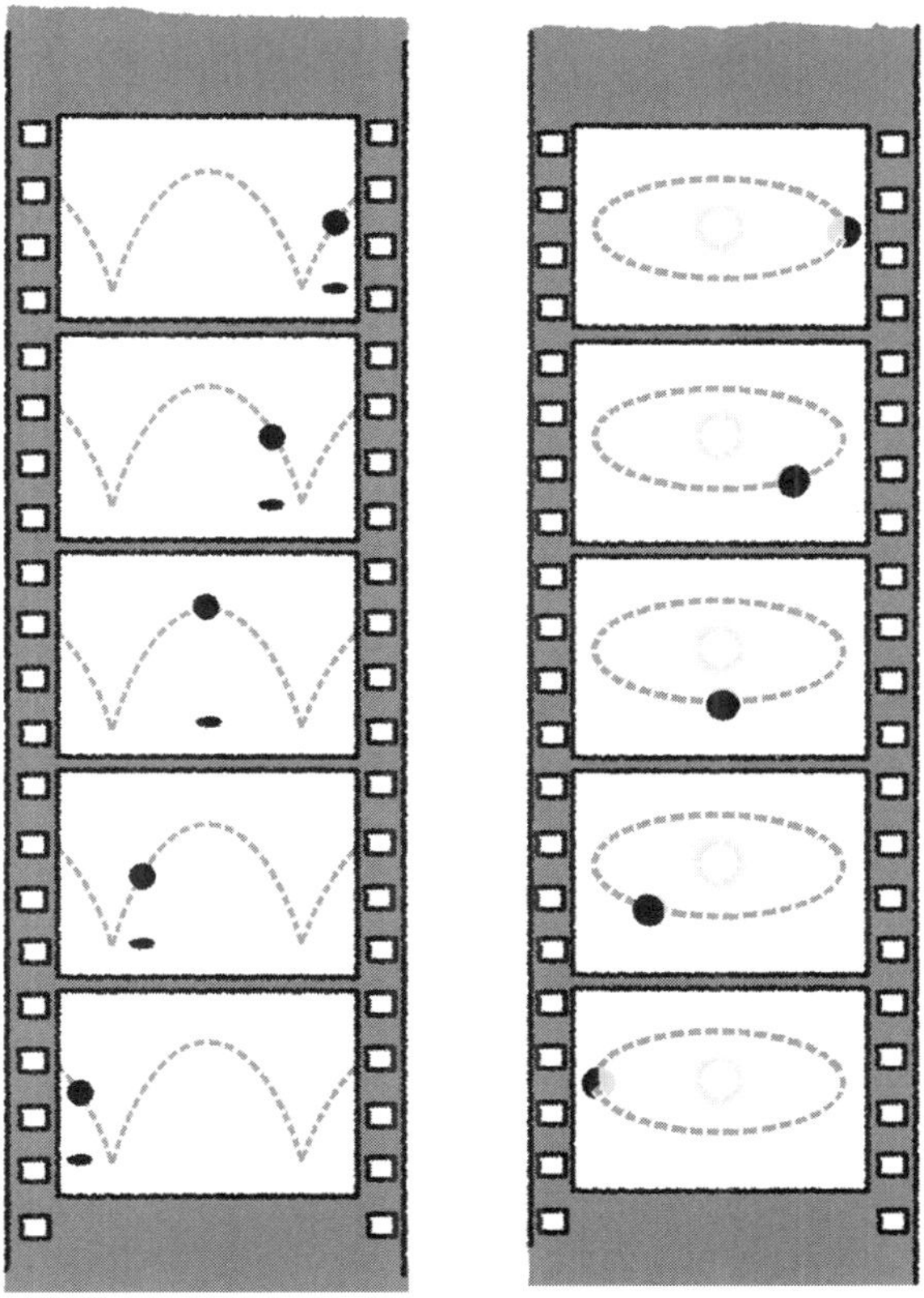

図3-1.　フィルムが正しく再生されているのか、逆再生なのかは判断できない

逆再生しても不自然さは見られないため、惑星の回転が右回りか左回りか（図の右）、ボールが右から左、左から右、どちらに向かって横切っているのか（図の左）、判断することはできない。

同じように、放物線をえがきながら視野を横切るゴムボールの映像を見せられたとします。それが正しい再生映像なのか、逆再生されたものなのかは、やはり教えられないかぎりわからないでしょう（図3－1の左）。

これは惑星の公転運動やボールの動きを支配するニュートン力学が、時間の向きを区別しないためにおきる現象です。ニュートン力学においては、本来の時間の向きとは逆向きの運動も許されます。つまりニュートン力学は、時間のどちらが過去で、どちらが未来であるのかを決めてくれないのです。

また、相対性理論も時間の向きをまったく区別せず、マクスウェルによって確立された「電磁気学」や、20世紀の前半に誕生した「量子論」などは、いずれも時間の向きを区別しません。

時間の矢とは何か

では、いったい何が時間の方向を決めているのでしょうか。ニュートン力学のような物理法則は過去と未来を区別しませんが、私たちは深く考えなくとも、過

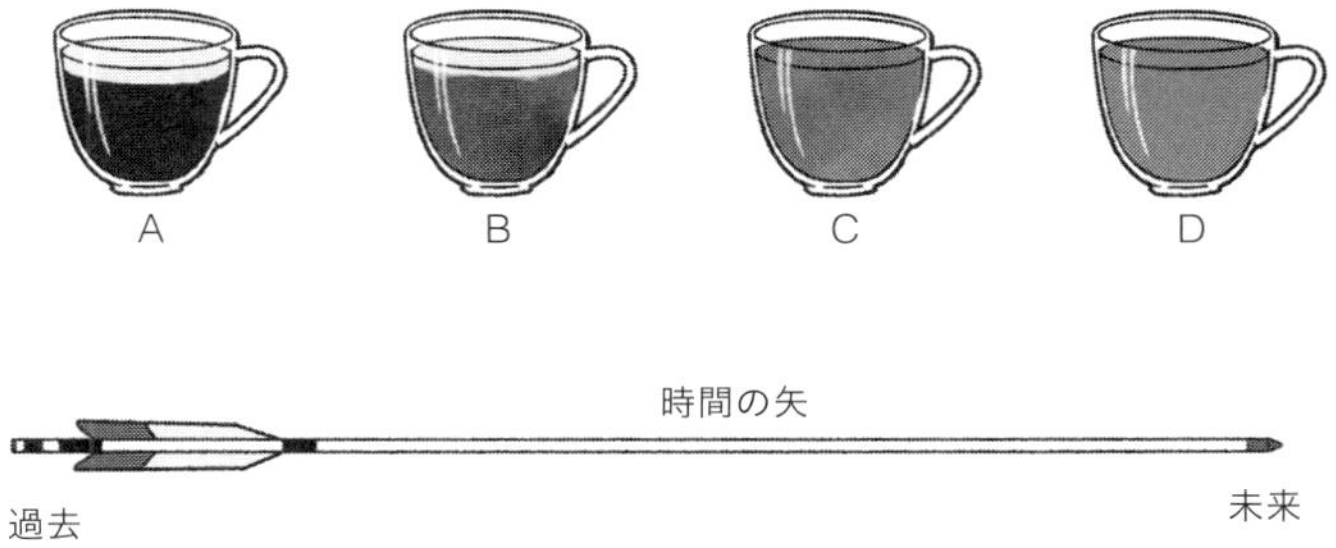

図3-2.　時間の一方向性をあらわす「時間の矢」

時間的に逆もどりできない不可逆過程が存在するため、私たちは時間が過去から未来へ向かう一方通行であると感じる。

去と未来を簡単に区別できています。たとえば、ミルクのまざっていないコーヒーとミルクのまざったコーヒーがあるとします。どちらが過去かとたずねられれば、だれでも迷わずミルクのまざっていないコーヒーと答えるはずです。

元にもどらない現象は、コーヒーのたとえにかぎらず、身のまわりにたくさんあります。たとえばコップは一度割れるともう元にもどることはないですし、平らな床を転がって止まったボールがふたたび動きだすこともありません。また人は時間とともに老いていくため、若がえって赤ちゃんになる人もいないでしょう。

このように、時間的に逆もどりできない過程を「不可逆過程」といい、私たちが過去と未来を区別できるのは、この不可逆過程が存在するからだと考えられます。そのため私たちは、時間が過去から未来へ向かう一方通行であるように感じるのです。このような時間の一方向性のことを、イギリスの天体物理学者のアーサー・エディントン（1882〜1944）は「時間の矢」とよびました（図3−2）。

物の散らばり具合が、時間の流れの正体？

時間の矢がなぜあらわれるのかについては、19世紀から20世紀初頭にかけ、物理学者たちの間にはげしい論争を巻きおこしました。その謎に挑んだ人物の一人が、19世紀の物理学者、ルートヴィッヒ・ボルツマン（図3−3、1844〜1906）です。

ボルツマンは時間の矢をもたらす不可逆過程について、「不可逆な変化が生じるのは、そこに莫大な数の原子や分子がかかわっているためだ」と考えました。

図3-3.　ルートヴィッヒ・ボルツマン

当時、原子や分子の存在はまだ証明されていませんでしたが、ボルツマンはそれでも原子の存在を信じて、不可逆的な変化がおきる原因を探ろうとしたのです。

私たちの身のまわりにあるあらゆる物質は、原子や分子といった微小な粒子がたくさん集まってできています。先ほど例にあげたコーヒーやミルクももちろん、大量の原子や分子からできています。

では「ミルクのまざっていないコーヒー」と「ミルクのまざったコーヒー」は、物理的に何がちがうかを考えてみましょう。両者の間で、コーヒーやミルクの粒子の個数に差はないはずです。そのちがいは、ミルクの粒子の「散らばり具合」にあります。ミルクのまざっていないコーヒーの中では、ミルクの粒子はコーヒーの一画に集められています。一方、ミルクのまざったコーヒーでは、ミルクの粒子はコーヒー全体に散らばっています。

ボルツマンは、この粒子の散らばり具合を数値に置きかえてあらわすことはできないかと考えました。そして、「エントロピー」という数値でそれをあらわすことを提案したのです。

コーヒーにまざったミルクの粒子の配置を、6×6マスの盤で単純化してみましょう。図3－4を見てください。まざる前のミルクの配置の数にくらべて、まざった後のミルクの配置の数は多くなります。

このように、ありえる配置の数の大小をあらわす尺度がエントロピーです。粒子の配置がととのっており、配置の数が少なければエントロピーは低いことになります。一方、粒子の配置が散らばっており、配置の数が多ければエントロピーは高いと計算されます。コーヒーとミルクの例でいうと、まざっていない状態のエントロピーは低く、まざった状態のエントロピーは高いということです。

ちなみにエントロピーを数式であらわすと図3－5のようになりますが、ここ

1. まざる前のミルクの配置

配置の数は、1通り
→ エントロピーは低い

まざる前のミルクは、6個の白いタイルのすべてが、6×6マスの盤の最上段に集中している状態に対応する。この状態になるような白いタイルの配置は、1通りしかない。

2. まざった後のミルクの配置

配置の数は、720通り
→ エントロピーは高い

まざったあとのミルクは、6個の白いタイルが、6×6マスの盤のあちらこちらに散らばっている状態に対応する。白いタイルが縦横各列で重複しないときを散らばっている状態とみなせば、そうなる白いタイルの配置は720通りある。

図3-4.　まざる前とまざった後のミルクの配置

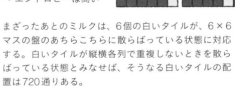

エントロピー

$$S = k \log W$$

S ：エントロピー
k ：ボルツマン定数
W：配置の数
logは対数をとることをあらわす

図3-5.　エントロピーの数式

ではは数式を理解しておく必要はありません。散らばり具合が大きいほど、エントロピーは高くなる、ということだけを覚えておいてください。ボルツマンはこのエントロピーこそが、時間の矢の原因ではないかと考えたのです。

時間がたつほど、物は散らばる

時間の矢の原因を探るため、次のような実験をしてみましょう。まずテーブルの上に1枚のコインを表を上にして置き、テーブルをたたいてみます。するとコインがはねて、ひっくりかえります。さらにテーブルをたたきつづけると、コインの裏表は時間の経過にしたがってランダムに変化します。これを時間的に逆方向にながめても、不自然な点はありません。つまり、この実験では時間の矢は存在しないということです。

次は、コインの数を10枚に増やしてみます。すべて表向きに置いてからテーブルをたたいてゆらすと、時間とともに表と裏の数はおおよそ等しくなっていきます。では表裏5枚にした場合は、どうなるでしょう。この場合、表になるコインと裏になるコインの入れ替わりはありますが、多少の変動はあっても、表裏5枚ずつから大きくずれることは少なくなります。

このように、「10枚すべてが表」から「表裏5枚ずつ」への変化は普通におきますが、逆の「表裏5枚ずつ」から「10枚すべてが表」という変化はめったにおきません。つまり、時間の矢があらわれていることになります。

このことを、ボルツマンのエントロピーで考えてみましょう。10枚すべてが表のコインは秩序だった状態であり、エントロピーが低い状態です。一方、表裏5枚ずつのコインは乱雑な状態であり、エントロピーが高い状態です。乱雑な状態であるほど、エントロピーは高くなります。この実験は、秩序だった状態（低エントロピー状態）は、時間とともに乱雑な状態（高エントロピー状態）に落ち着いていくことを示しています（図3－6）。つまりエントロピーは時間とともに増えていくのです。これを「エントロピー増大の法則」といいます。

たとえば、きれいに整頓してある部屋（低エントロピー状態）が、時間とともに散らかった部屋（高エントロピー状態）になっていくのもそうですし、グラスの中の氷が時間とともに溶ける現象や、積み木でつくったお城が、時間がたってくずれていくのも、すべてエントロピー増大の法則の例としてあげられます（図3－7）。エントロピー増大の法則は、自然界のあらゆるものがしたがう大原則といえます。

ただ、コインの実験で偶然すべてが表になることもあるため、その場合はエン

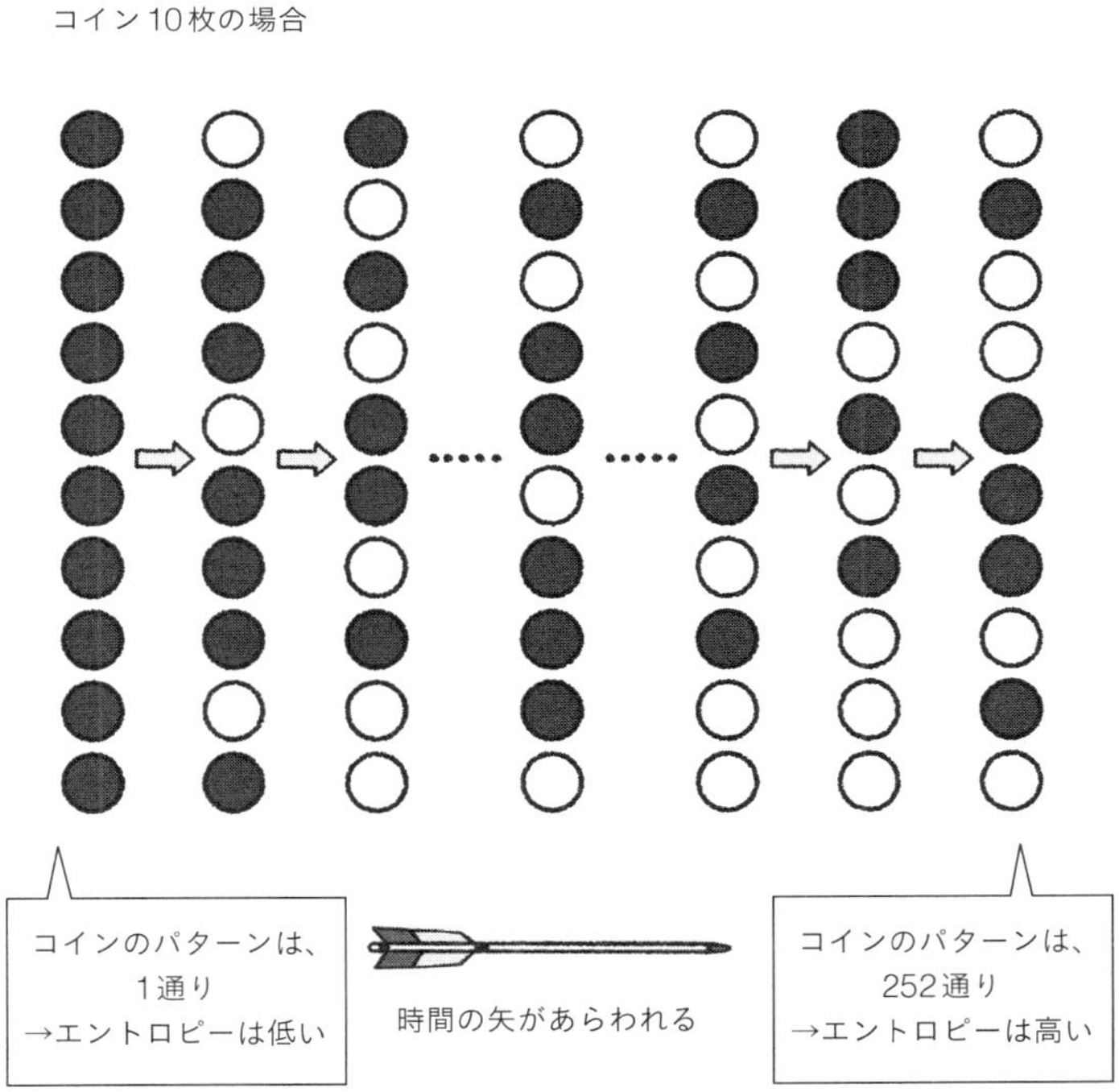

図3-6.　エントロピー増大の法則

秩序だった状態（低エントロピー状態）は、時間とともに乱雑な状態（高エントロピー状態）に落ち着いていく。

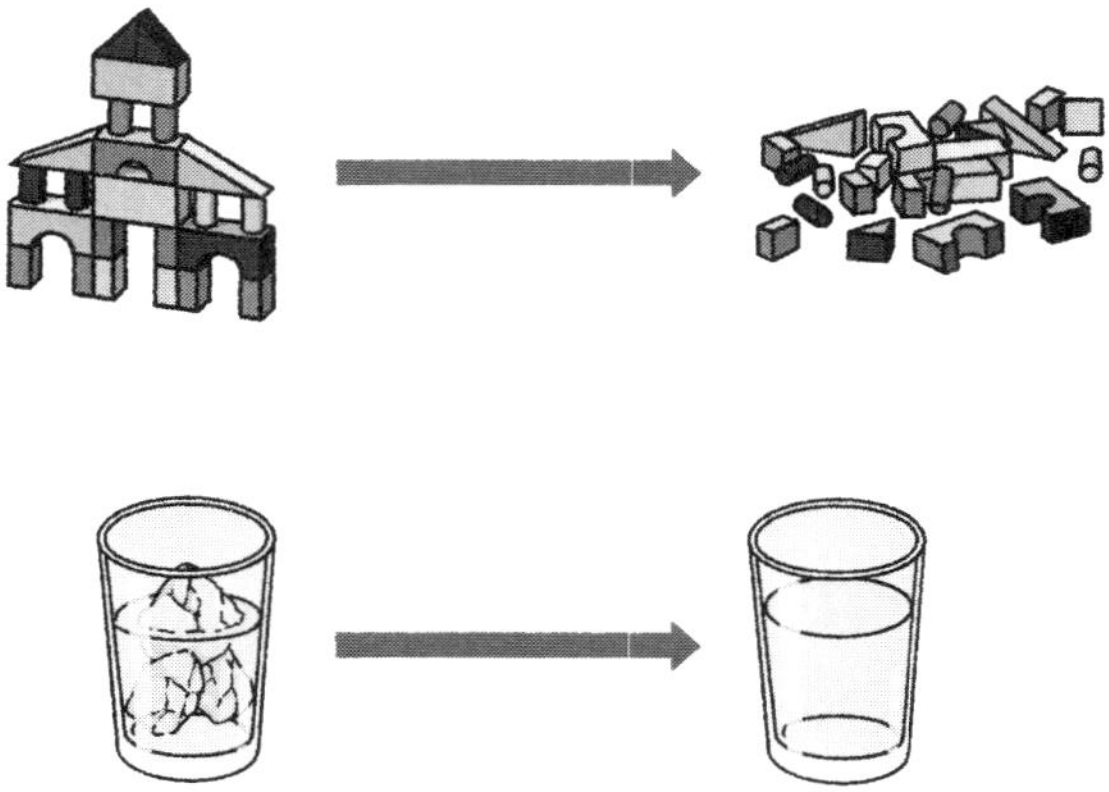

図3-7. エントロピー増大の法則の例

時間とともに、グラスの中の氷が溶ける現象や、積み木でつくったお城がくずれていく現象は、全てエントロピー増大の法則にもとづく。

トロピーが減少するのではないかと考える方もいると思います。しかしコインの数を100枚、1000枚、1万枚……と増やしていくと、偶然すべてが表になることはほぼ確実におきなくなります。

このように、コインの数が多いほどエントロピー増大の法則はたしかなものになります。これと同様に、とてつもない数の原子がかかわる過程の場合は、ほとんど確実に不可逆なものになります。そして、その結果として時間の矢があらわれるとボルツマンは結論づけたのです。

散らばりをおさえられるのは「エネルギー」

　では、エントロピー増大の法則は、どのような場合においてもくつがえらないのでしょうか。たとえば先ほど「時間とともに部屋は散らかっていく」とお話ししましたが、部屋は片づけるときれいになりますね。つまり、部屋のエントロピーは下がっているということです。このように、自然界ではあたかも時間の矢に反するかのごとく、時間とともに秩序が生まれる過程がみられることもあります。実は、私たちのような生命も、その例の最たるものです。私たちの体を構成する細胞や、ＤＮＡやタンパク質といった分子は、炭素や酸素、窒素などさまざまな原子が秩序立って組みあわさってつくられています。たとえるなら、バラバラだった積み木が組みあわさり、やがてお城になるようなものです。つまり生命が生まれる過程は、一見エントロピーが減っていく現象のように見えるわけです。

　生命はエントロピー増大の法則に矛盾しているように思えるかもしれません

が、そうではありません。もう一度、10枚のコインを使って考えてみましょう。表裏5枚ずつのコインを、表10枚の秩序だった状態にするには、どのようにすればよいでしょうか。10枚程度なら、何度もテーブルをたたけば偶然に表になることもあるかもしれませんが、これには時間がかかりそうです。

しかし、簡単に10枚すべてを表にする方法があります。その方法は「手で裏のコインを表にする」です。つまり、外からエネルギーをつぎこめばエントロピーは簡単に減らせる、ということです。

エントロピー増大の法則は、外からの影響を受けない領域（孤立系）だけで成り立つ法則です。生命活動が行われる地球のように、外からのエネルギーを受ける環境では、せまい範囲でエントロピーが減ることもありえます。しかし宇宙全体にまで視野を広げると、やはりエントロピー増大の法則は成り立ちます。したがって、宇宙全体をつらぬく時間の矢、つまり「時間の一方向性」は、確かに存在しているといえるのです。

時間にはじまりと終わりはあるのか

エントロピー増大の法則について学んだところで、時間のはじまりと終わりについて考えていきましょう。時間にはじまりや終わりはあるのか、これは現代物理学における大きな謎の一つです。先ほど時間が一方向に流れる理由はエントロピー増大の法則が成り立っているため、とお話をしましたね。宇宙全体は、外部とのエネルギーや物質のやりとりがないと考えると、エントロピー増大の法則が成り立っているはずでした。つまり、エントロピーは増えつづけ、とてつもなく長い時間がたつと、やがて極限までエントロピーが増えた宇宙にいたると考えられます。

エントロピーが極限まで増大した宇宙では、星もブラックホールもなく、原子すらもその構成要素である素粒子へとバラバラに分解されていきます（図3－8）。その状態を「宇宙の熱的死」とよびます。熱的死をむかえた宇宙では、それ以後、目立った変化は何もおきないと考えられます。

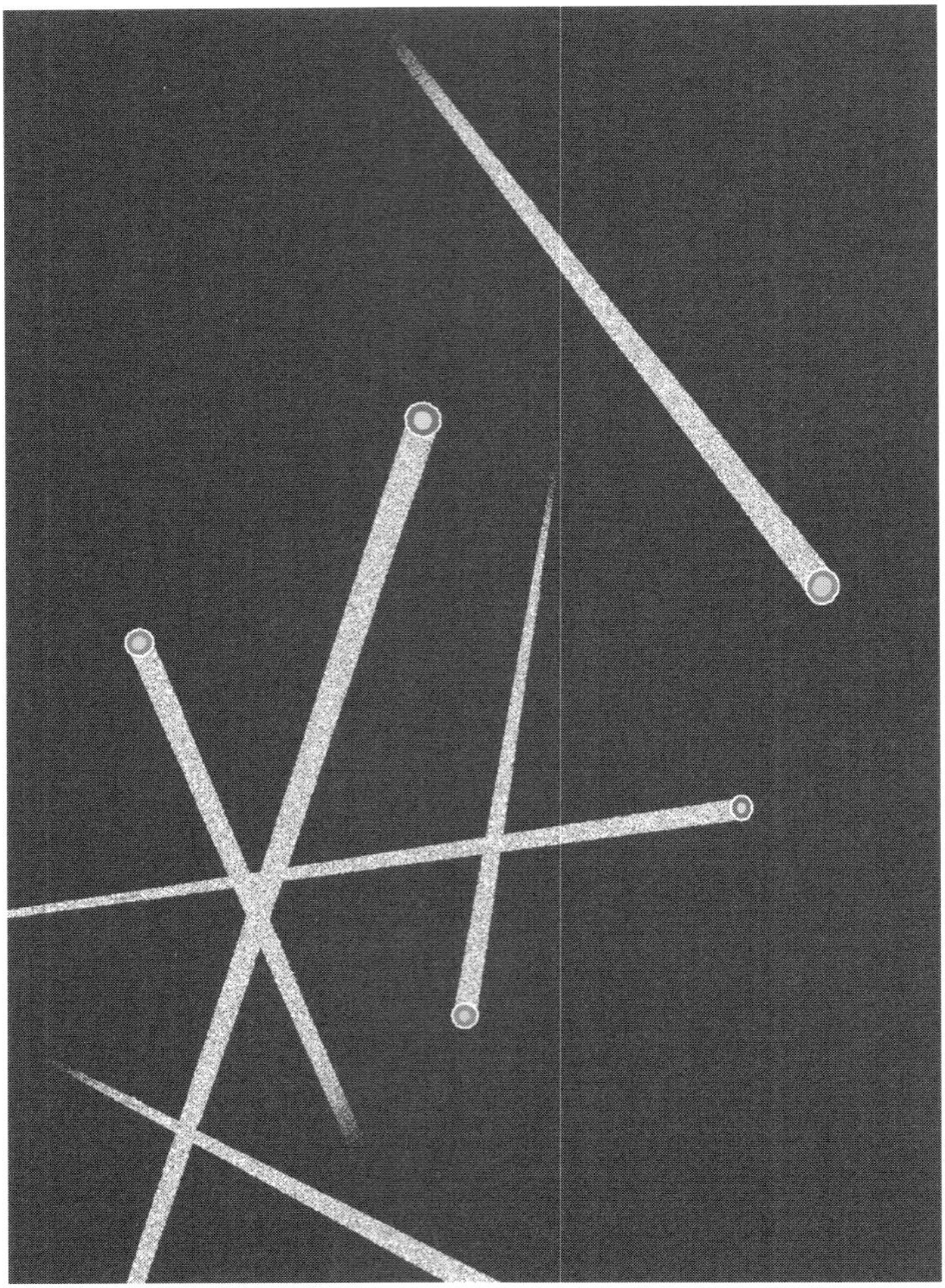

図 3-8.　宇宙の灼熱死

極限までエントロピーが増えた宇宙の状態。熱的死をむかえた宇宙には星もブラックホールもなく、原子すらもその構成要素である素粒子へと分解される。

宇宙は誕生直後から膨張をつづけています。この先も膨張をつづけていくのかは、まだはっきりとわかっていません。しかし、もし宇宙がこの先も膨張をつづけるようであれば、10の１００乗年をこえるような遠い遠い将来に熱的死が訪れると予想されています。

エントロピーが極限まで増えている熱的死をむかえた宇宙では、時間の矢は消えてしまうのでしょうか。熱的死が時間の終わりを意味する可能性はあります。しかし、それが本当かどうかは、よくわかっていません。そもそも、時間の矢が本当にエントロピーの増大によってもたらされるのか否かが、はっきりしていないのです。また時間があらゆる空間や物質に流れている本質的なものなのか、あるいは物質の存在や変化によって生じるものなのか、明確な答えも出ていません。つまり、そもそも時間の正体がはっきりしないため、時間に終わりがあるのかどうかは謎、というわけです。

ただし、以上の議論は20世紀に入ってわかった、宇宙の膨張とブラックホールがその表面積に比例したエントロピーをもつことを考慮していない、いわば19世紀の宇宙観での熱的死です。20世紀の宇宙論では、宇宙は膨張しつづけるか、あるいは遠い未来に膨張が止まり、収縮に転じてつぶれてしまうかのどちらかです。現在の観測では、膨張は永遠につづき、さらに膨張速度が加速し続けると考えられていますが、まだ確定的ではありません。また熱的死で想定されるように、物質が一様に分布しているよりも、ブラックホールがいたるところにできているほうがエントロピーが大きくなります。

さらに、ブラックホールが合体して大きなブラックホールになったほうがエントロピーは増大しますが、ブラックホール同士が合体するかどうかは、宇宙膨張のようすによって変わります。現在の宇宙のように膨張速度が加速しつづける場合、ブラックホールはある程度以上は合体することがありません。果てしない宇宙の中で巨大なブラックホールが分布している状態が、想像を絶する長い時間つづくでしょう。またこの間に、ブラックホールは蒸発することが知られています。すべてのブラックホールが蒸発し終わったあと、本当の熱的死にいたるのかもしれません。

時間は宇宙の誕生ではじまった？

図3-9.　エドウィン・ハッブル

　では、時間にはじまりはあるのでしょうか。古代ギリシアの哲学者アリストテレスは「時間にはじまりはない」と考えました。彼は「無から有は生じない」として、その瞬間を認めなかったのです。20世紀のアインシュタインも、宇宙は永久不変の存在であると考え、宇宙や時空のはじまりを考えようとしませんでした。しかしアインシュタインは、あることがきっかけでこの考えを撤回しま

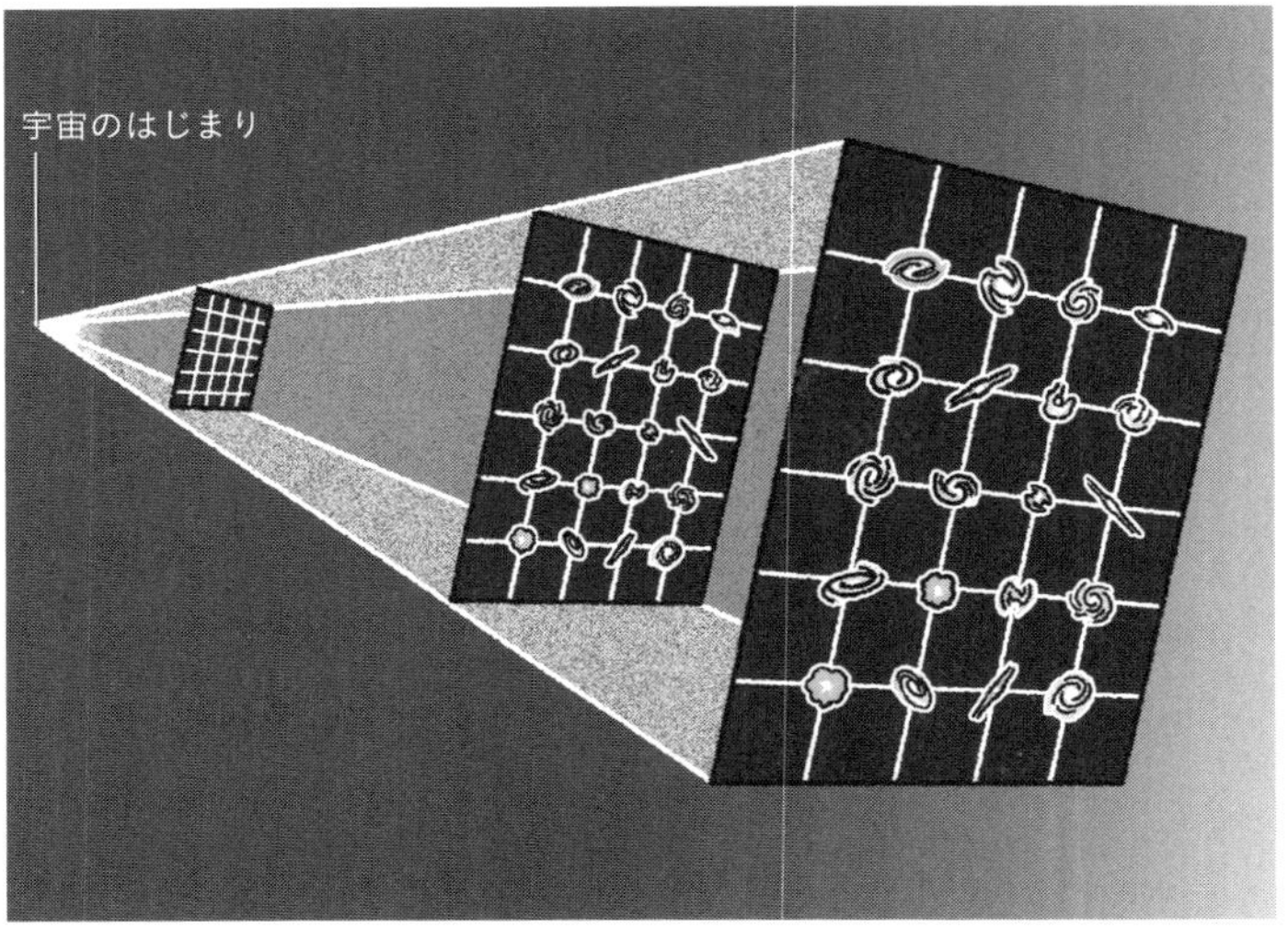

図3-10.　宇宙のはじまりは点だった

時間をさかのぼると、全宇宙のすべてはミクロの１点につめこまれてしまう。

す。アメリカの天文学者エドウィン・ハッブル（図３−９、１８８９〜１９５３）が、宇宙が時間とともに膨張していることの証拠を１９２９年につかんだのです。

宇宙が膨張していることと、宇宙や時間のはじまりにはどのような関係があるのでしょうか。宇宙が時間とともに膨張しているのなら、過去の宇宙は今よりももっと小さかったことになります。つまり時間をさかのぼっていくと、全宇宙のすべてはやがてミクロの１点につめこまれてしまうのです（図３−10）。ここが宇宙のはじまりだと考えられます。私たちの宇宙は、今から約138億年前にミクロの点としてはじまったようなのです。

宇宙がはじまる前にも時間は流れていたのでは、と考える方もいるかもしれません。しかし相対性理論によると、時間と空間は切っても切りはなせない関係にあり、両者が一体となった時空として、この宇宙をつくっていると考えます。そのためミクロの一点として宇宙空間が生まれた瞬間が、時間のはじまりである、いいかえれば時間は宇宙誕生とともに生まれた、という考え方が、現在の標準的な宇宙論の立場です。

宇宙の誕生初期には虚数時間が流れていた？

今お話ししたように、時間のはじまりについて考えるには、宇宙のはじまりについて考える必要があります。宇宙や時間のはじまりについて、さまざまな仮説が提案されていますので、いくつか紹介しましょう。

宇宙は時間も空間もない無から生まれた、これが宇宙誕生についての有力な仮

図3-11.　アレキサンダー・ビレンキン

説の一つです。アメリカ、タフツ大学の物理学者、アレキサンダー・ビレンキン（図３－11、１９４９～）が、「無からの宇宙創生論」として提案しました。

無からの宇宙創生論によると、宇宙が誕生する前は無ですから、時間も空間も存在しなかったことになります。そしてさらに誕生直後の宇宙では〝奇妙な時間〟が流れていたのかもしれない、と考えられています。

無からの宇宙創生論によれば、宇宙を生んだ無はたえずゆらいでおり、ミクロな宇宙が生まれてはすぐに収縮して消えます。このような宇宙のタネの一つが収縮せずに膨張に転じて、私たちの宇宙に

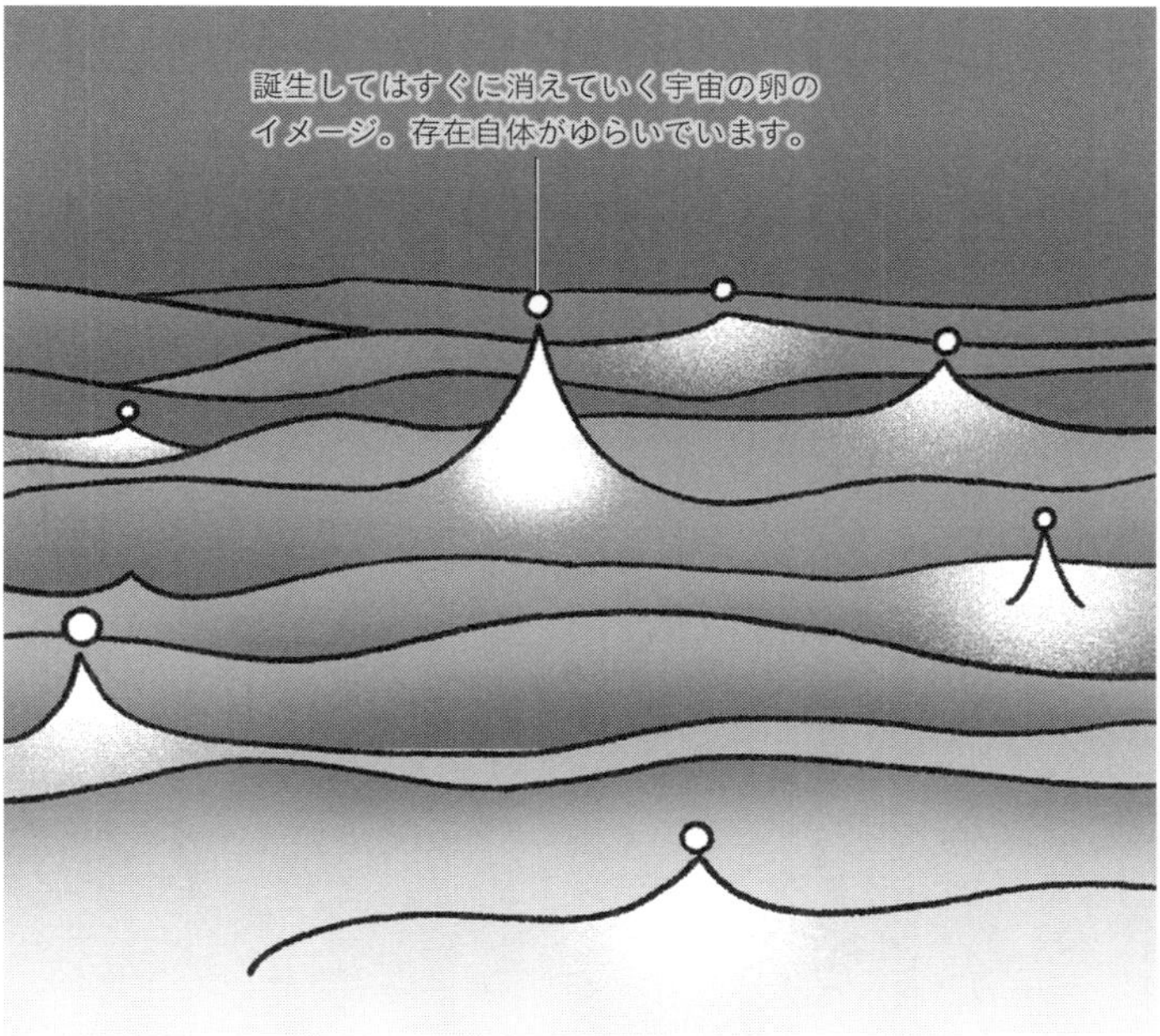

図3-12.　宇宙のタネのイメージ

誕生してはすぐに消えていき、存在自体がゆらいでいる。

なったというのです（図3－12）。

なぜ私たちの宇宙はしぼまずに、大きく成長できたのでしょうか。無から生まれた宇宙は本来ならエネルギーが足りず、大きな宇宙になれずにしぼんでいくはずです。ところが私たちの宇宙は、本来はこえられないはずの「エネルギーの山」をこえ、膨張に転じることができました。

その理由として、「虚

数時間」という奇妙な時間が流れていたためだ、という考え方が提唱されています。ここではくわしく説明しませんが、虚数時間のもとでは、力の向きが逆転します。たとえば、りんごを手からはなすと私たちの「実数時間」では下に落ちますが、虚数時間では上に落ちます。虚数時間とは、通常の時間（実数時間）に「虚数単位$\boldsymbol{i}$」をかけあわせたものです。虚数単位$\boldsymbol{i}$とは、2乗すると−1になる不思議な数です。

宇宙誕生時に虚数時間が流れていたとすると、力の向きは逆向きになるため、宇宙のタネが乗りこえるべき山は谷へと変わります。こうして宇宙のタネは自然にエネルギーの山をこえ、私たちの宇宙に成長できたと考えることができるのです（図3－13）。

1983年には虚数時間を考える「無境界仮説」という理論が提唱されました。宇宙をそのまま過去にさかのぼると、宇宙全体が1点につぶれた「特異点」に行き着くと考えられます。特異点では物理法則をあてはめることがむずかしく、宇宙のはじまりについて物理学で議論することが困難になります。

しかし無境界仮説によると、宇宙のはじまりに虚数時間を想定すれば、特異点

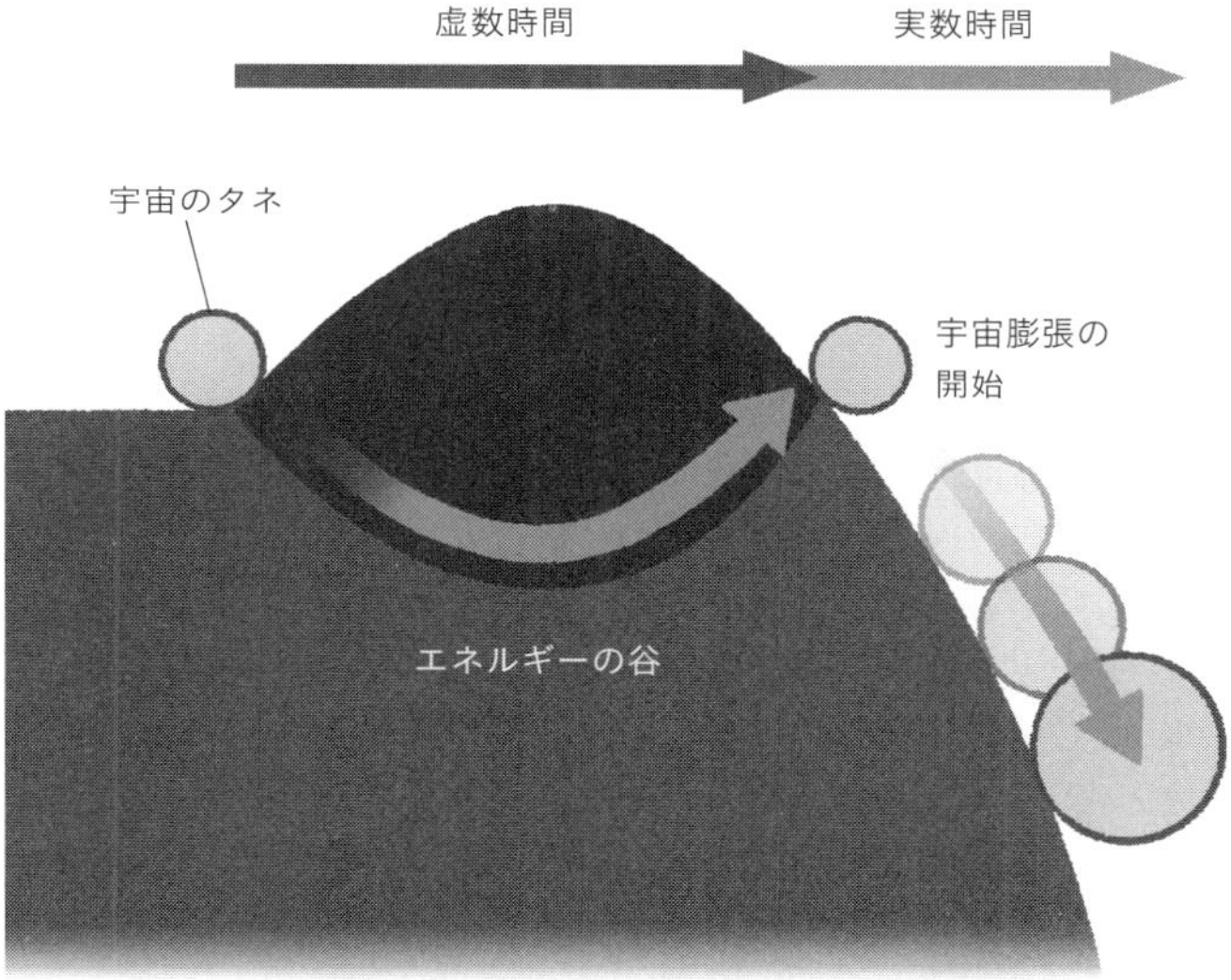

図3-13.　なぜ私たちの宇宙は成長できたのか

宇宙誕生時に虚数時間が流れていたのであれば、力は逆向きになるため、宇宙のタネが乗りこえる山が谷へと変わる。それにより宇宙のタネは自然にエネルギーの山をこえ、成長できた。

の問題を回避できるといいます。宇宙初期に虚数時間が流れていたとすると、計算上、宇宙のはじまりは一点に収縮するのではなく、おわんの底のようになめらかになり、特異点は消えてしまうのです。つまり、時間も何もない無の世界から、虚数時間という奇妙な時間が流れる世界、そして私たちの実数時間が流れる世界へと変わってきたと考えられるわけです。

宇宙が誕生する前にも宇宙は存在したのか

今紹介したのは、無から宇宙が誕生したという仮説です。この仮説によると、宇宙誕生前には時間がなかったことになります。しかし、宇宙や時間のはじまりについては、ほかにもいくつか仮説がとなえられています。

たとえば「宇宙の多重発生理論」です。この理論では、私たちの宇宙は無から生まれたのではなく、別の親宇宙から生まれたと考えます。さらに私たちの宇宙も別の子宇宙や孫宇宙を生みつづけていると考えます（図3－14）。

この解釈ですと、私たちの宇宙が生まれる前にも時間は存在しており、過去にも未来にも時間は永遠につづくことになります。時間に終わりもはじまりもない、と考えるわけです。

さらに、宇宙誕生についての別の理論として、アメリカの物理学者ポール・スタインハートと南アフリカの物理学者ニール・チュロックらが提唱した、「エキピロティック宇宙論」というものもあります。エキピロティック宇宙論では、私

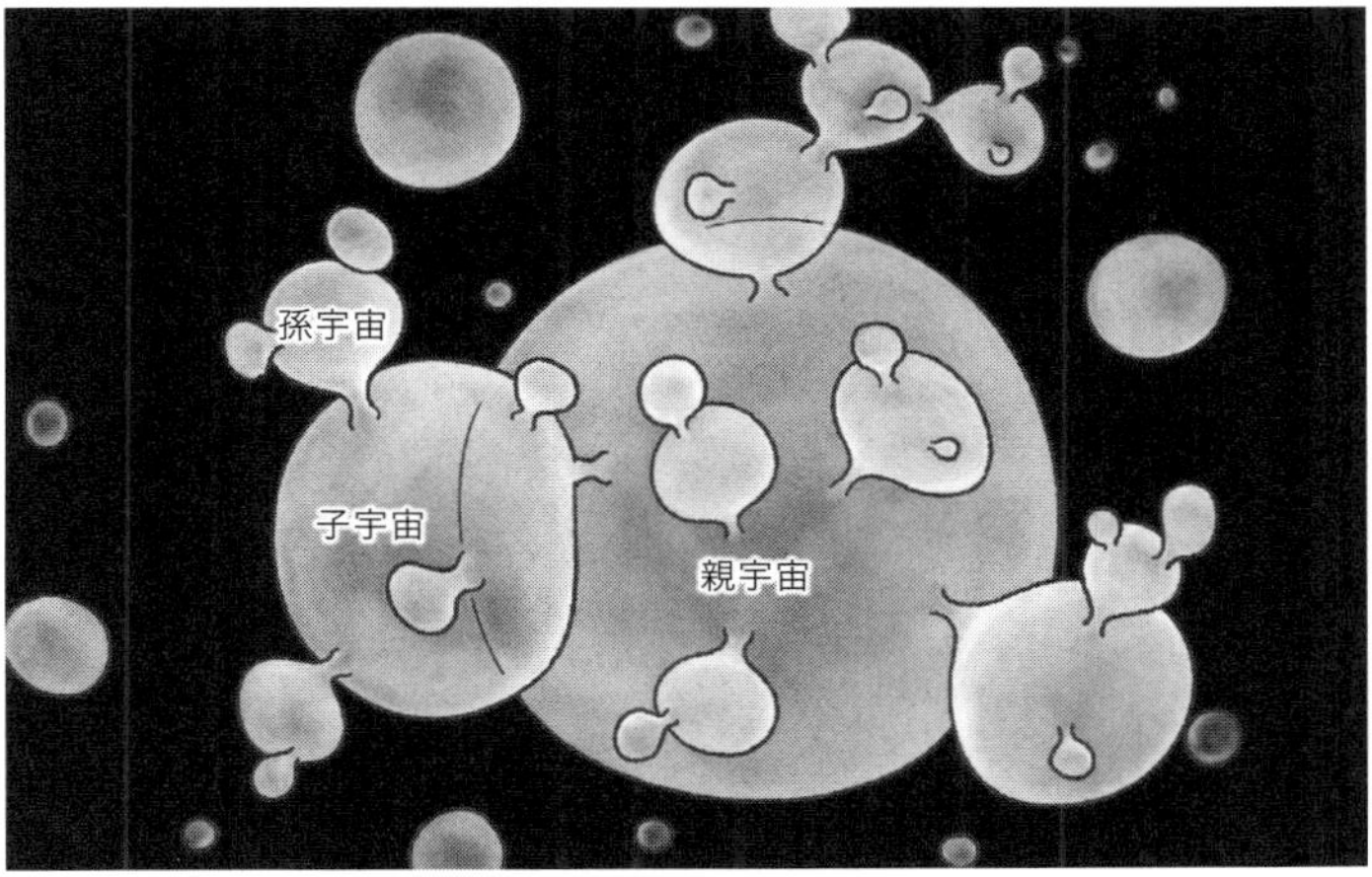

図3-14.　宇宙の多重発生理論

たちの宇宙を膜のようなもの（膜宇宙）と考えます。

私たちは3次元空間に生きていますが、この理論では3次元よりも次元が高い「高次元空間」に、ほかの膜宇宙がただよっていると考えます。そして二つの膜宇宙が衝突すると「ビッグバン」がおき、私たちの宇宙の歴史がはじまったと考えるのです。膜宇宙は高次元空間の中をただよいながらほかの膜宇宙と何度も衝突することで、その生涯を永遠にくりかえします。つまりこの理論でも、時間は永遠に存在しつづけると考えるわけです（図3－15）。

このように、宇宙や時間のはじまりや終わりについては、さまざまな仮説が提唱されていますが、物理学が発展した現在でもなお、時間に関する謎は完全に解決されたわけではありません。時間にはじまりや終わりがあるのかを知るには、残念ながら既存の物理理論では不十分なのです。

この謎に決着をつけるには、理論物理学の最前線で研究されている「量子重力理論」という理論が必要だと考えられています。この理論が完成すれば、宇宙のはじまりについて解き明かすことができると期待されています。

量子重力理論とは、現代の物理学の土台となる2大理論である「一般相対性理論」と「量子論」を融合した理論です。一般相対性理論は時間と空間、そして重力についての理論です。一般相対性理論では、天体などの巨大な対象を記述することはできますが、宇宙のはじまりという「ミクロの世界」に適用すると破綻がおきてしまいます。そのため一般相対性理論では、宇宙のはじまりを記述できません。

これに対しミクロな世界をあつかうのが、20世紀はじめに生まれた量子論です。量子論はごくごく小さなミクロなものをあつかうことができます。しかし量子論は、重力をあつかうことはできません。そのため、宇宙のはじまりのようなミクロな領域に大きな重力が集まった状況を解き明かすには、一般相対性理論と量子論を融合させた理論が必要になります。これこそが、量子重力理論です（図3−16）。

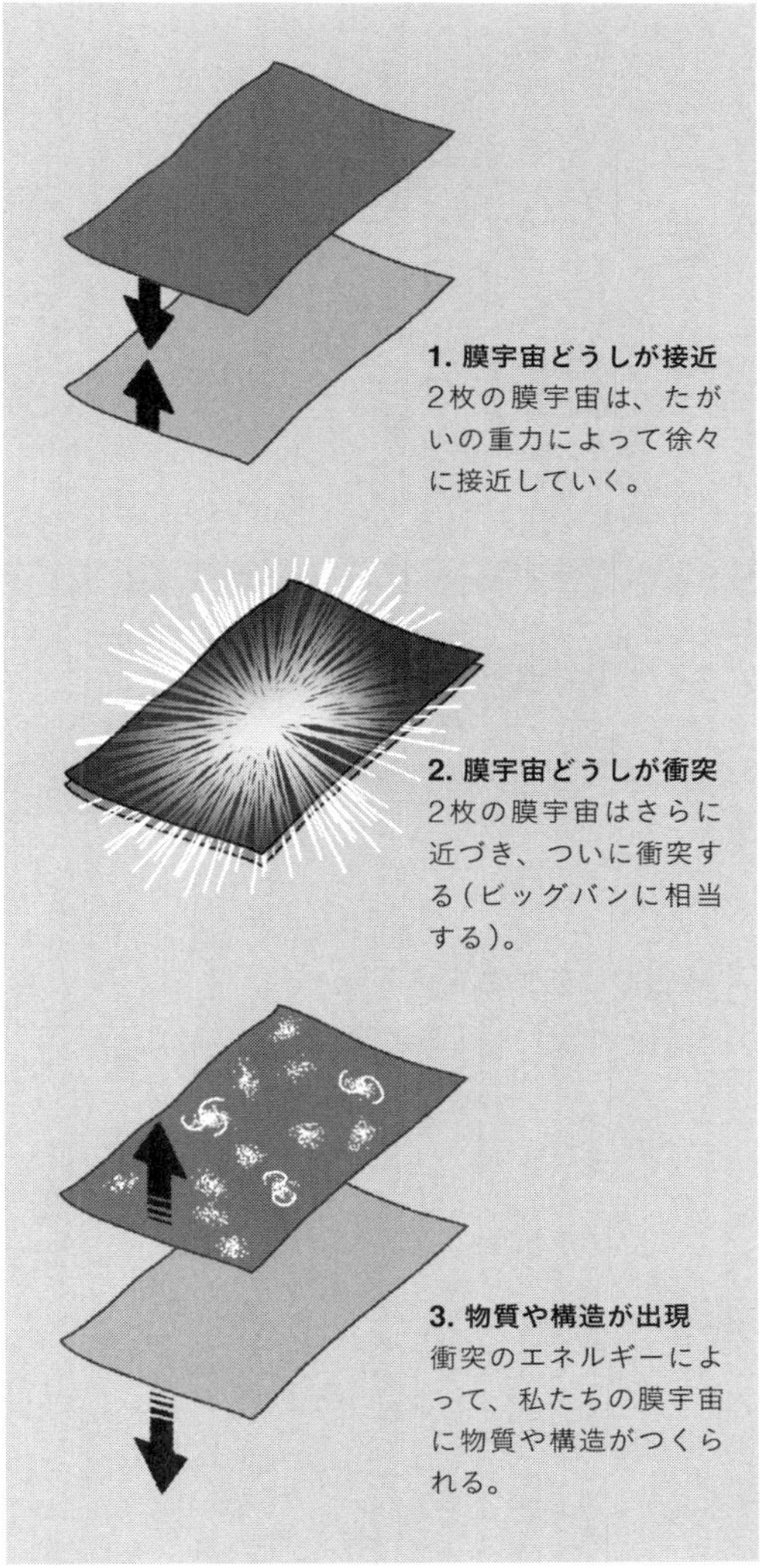
1. 膜宇宙どうしが接近
2枚の膜宇宙は、たがいの重力によって徐々に接近していく。
2. 膜宇宙どうしが衝突
2枚の膜宇宙はさらに近づき、ついに衝突する（ビッグバンに相当する）。
3. 物質や構造が出現
衝突のエネルギーによって、私たちの膜宇宙に物質や構造がつくられる。

図3-15.　エキピロティック宇宙論

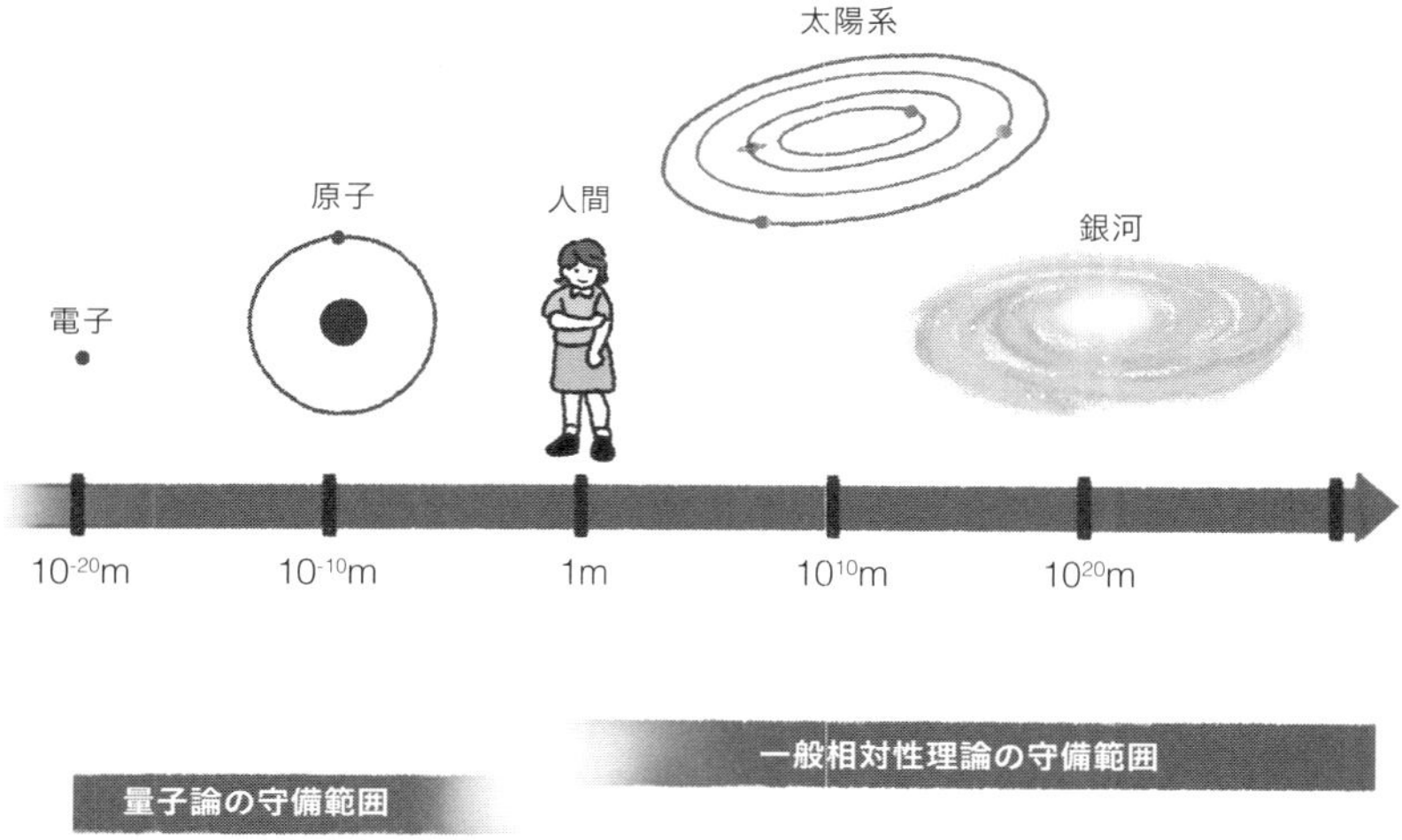

図3-16.　量子論と一般相対性理論の守備範囲

「一般相対性理論」と「量子論」は守備範囲としているサイズがことなる。

量子重力理論は、自然界のあらゆる現象を記述できる〝究極の理論〟とも称されていますが、未完成のため、現在も多くの物理学者が完成を目指して研究に取りくんでいます。

時間は「コマ送り」かもしれない

さて、ここからは話題を変えて、時間に最小単位があるのかどうかについて考えていきましょう。たとえば時間ではなく物質の場合、19世紀までの物理学者たちの多くは、物質はどこまでも好きなだけ小さく切りきざめると考えていました。しかし現在では、物質は原子という微小な粒子の集まりであることが広く知られています。

では時間や空間はどうでしょう。アリストテレスもニュートンもアインシュタインも、時間と空間はどちらも好きなだけ細かく分割できるものだと考えました。そして今日の標準的な物理学でも、時間と空間はどちらも最小単位はなく、好きなだけ分割可能な「連続的」なものだとみなしています。

ただし、本当に時間に最小単位がないのかどうかは、はっきりしていません。今から50年ほど前に、時間と空間にも最小単位があるととなえた物理学者がいました。素粒子物理学の業績で1949年に日本人で初めてノーベル物理学賞を受賞した湯川秀樹（図3－17、1907～1981）です。

湯川は1966年、時間と空間にはそれ以上分割できない最小の領域（素領域）があるとする「素領域論」を発表します。しかしこの理論はあまり大きな発展がみられないまま、徐々に忘れられていきました。

図3-17.　湯川秀樹

ところが、今ふたたび、時間と空間に最小単位があると考える理論が、物理学の最前線でさかんに研究されています。カナダ、ペリメター理論物理学研究所のリー・スモーリンらが研究を進める「ループ量子重力理論」です。この理論では、時間はなめらかに流れるのではなく、パラパラ漫画のようにコマ送りで流れると考えます（図3－18）。ループ量子重力理論の一つのモデルでは、時間の最小

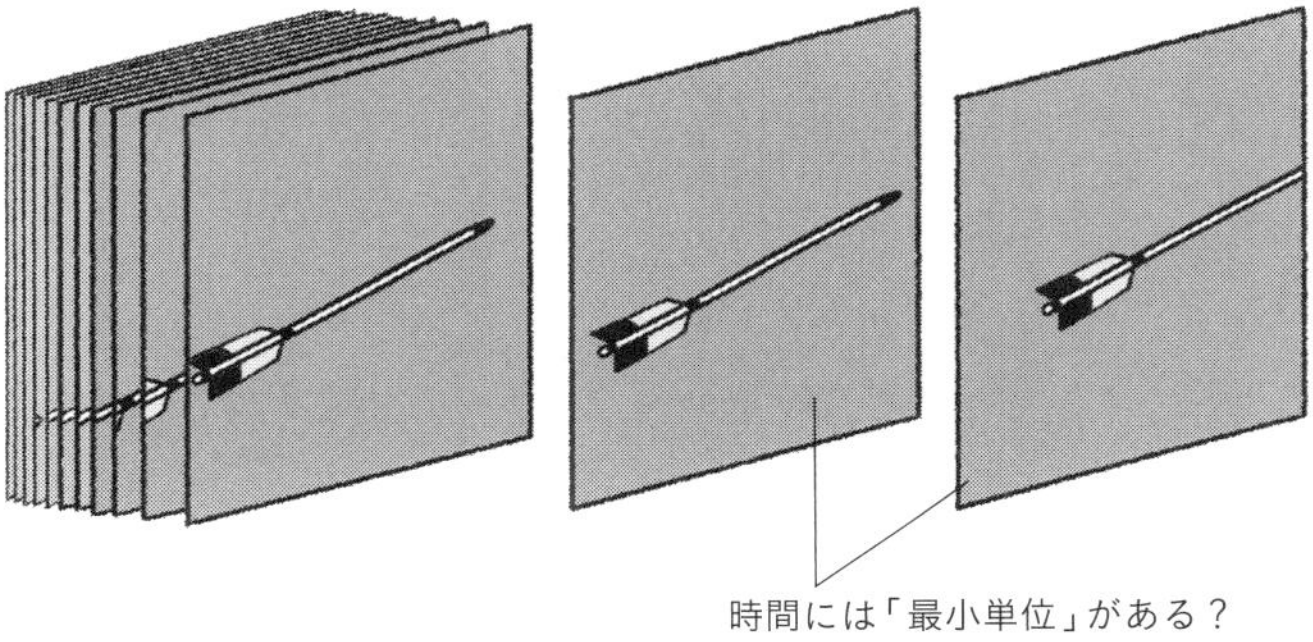

図3-18.　ループ量子重力理論

時間はなめらかに流れるのではなく、パラパラ漫画のようにコマ送りで流れると考える。

単位はおよそ10^{-43}秒（プランク時間）と想定されます。0・000……1秒と、ゼロが43個つくわけです。これはほぼゼロといえますので、本当にコマ送りだったとしても、私たちには気づきようがありません。

この理論は未完成であり、まだ仮説の段階にすぎません。しかしこの理論が完成すれば、一般相対性理論と量子論を融合した量子重力理論となりうる可能性も秘めているといわれています。

結局、時間の正体とは何か

第3章の最後に、これまでの話を振り返りながら、あらためて時間とは何かという疑問に対する答えを探ってみましょう。まず、時間の経過を知るためには、一定の周期でくりかえされる出来事に注目し、そのくりかえしの回数を数えることが必要です。たとえば沈む夕日を3回かぞえたら3日という時間がたったことがわかりますし、春の訪れを10回経験したなら10年という時間が流れたことがわかります。このように考えると、時間とは「一定の周期でくりかえされる出来事の回数」だといえそうです。

時間を知るためには、まず身のまわりでおきるさまざまな出来事の中からくりかえされる出来事を見つける必要があります。そしてその中で、私たちはもっとも安定してくりかえされる出来事を特別に「時計」とよび、時間の長さをはかる基準にしています。

近代物理学のはじまりとともに、時間の考え方は変化してきました。たとえばガリレオは、落下する物体が進む距離は重さによらず、時間の2乗に比例するという法則を突き止めました。これを「落体の法則」といいます。このように、物体の運動を正しく理解するためには、その物体の位置が時間の経過とともにどのように変化するのかを知る必要があります。つまり物理学にとって時間とは、運動を理解するために必要な「物理量（パラメーター）」なのです。

ここからさらに時間についての考え方を推し進めたのは、ニュートンの絶対時間です。ニュートンは、この宇宙には不変的な真の時間が存在すると説き、空間についても理想化された絶対空間があるとしました。宇宙の中でおきるあらゆる出来事は、絶対時間と絶対空間からなる〝ゆるぎない舞台〟の上でおきると考えたのです。舞台の上で何がおきようとも、舞台そのものはびくともしません。私たちはどんなにあがいても時間を止めることはできず、時間の進み方を遅らせることも、速めることもできないと感じているはずです。

しかし、この固定された時間の概念にも革命がおきました。20世紀のはじめにアインシュタインは相対性理論をつくりあげ、ニュートンの絶対時間の考えがあやまりであることを明らかにしたのです。時間と空間という舞台は絶対に変形しない鋼鉄のようなものではなく、実はゴムでできたシートのように、そこに置かれた物体の質量や運動状態によって、ぐにゃぐにゃと変形するものだったのです（図3－19）。

時間とは、くりかえされる出来事の回数ではかられ、物体の運動を正しく理解するために必要なものです。また、時間は空間とともにさまざまな出来事がくりひろげられる舞台ですが、その舞台はそこに置かれた物質やエネルギーのありようによって変化するものといえます。

しかし、この説明では時間の特徴をとらえきれていません。ここに欠けているもっとも大きな特徴は「時間の一方向性」です。私たちにとって、今という瞬間はすぐに過去に変わり、それまで未来とよんでいたものが、新しい今に変わります。時間は刻一刻と過ぎゆくように感じられ、その流れには決まった向きがあります。割れたグラスが割れていないグラスにもどることはないように、身のまわりで見られる、時間とともにおきる変化のほとんどは、けっして時間的に逆向きにはおこりません。そうした時間の一方向性を時間の矢とよびます。

ボルツマンはこの時間の矢の正体を、エントロピー増大の法則によって説明し

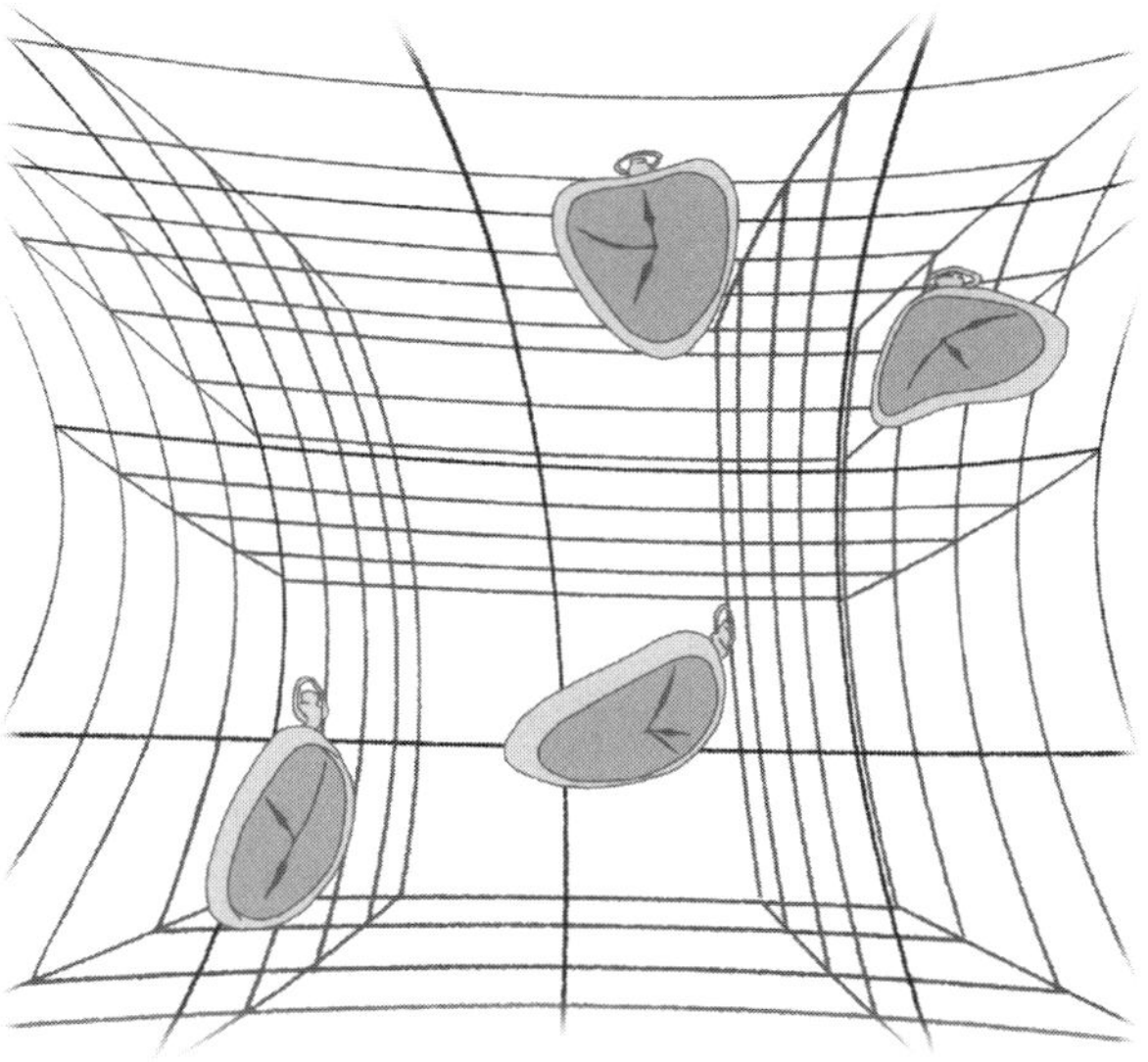

図3-19.　相対性理論による時間と空間のイメージ

時間と空間は、物体の質量や運動状態によって、ぐにゃぐにゃと変形する。

ようとしました。しかし、実はエントロピー増大の法則があれば必ず時間の矢が生じるとはかぎりません。

たとえばミルクがまざりきったコーヒー（エントロピーのもっとも高い状態）をいくらながめても何もおきませんね。ミルクとコーヒーがまざっていない状態（エントロピーの低い状態）を用意することではじめて、そこに時間の矢があらわれるのです。同じように、この宇宙もエントロピーの低い特別な状態が最初に用意されないかぎり、そこに時間の矢はあらわれません。

そのため、この宇宙に時間の矢があらわれる本当の原因を知るには、「どのようにして宇宙の初期に、エントロピーの低い特別な状態が用意されたのか?」という疑問に答える必要があります。しかし、それについての万人を納得させる答えはまだ存在しません。結局、時間は謎に包まれた存在なのです。

また時間の終わりやはじまりについても、よくわかっていません。これらの時間に残された謎は、残念ながら既存の物理学では力不足で、一般相対性理論と量子論を融合した量子重力理論により、解決できるのではないかと期待されています。

現在、多くの物理学者が量子重力理論に挑んでいますが、未だ完成していません。量子重力理論が完成し、時間にはじまりや終わりがあるのかという謎に決着が着くのかを、楽しみに待ちましょう。

第4章

タイムトラベルはできるのか

物理学の世界で真剣に研究される「タイムトラベル」

タイムトラベルを題材としたSF作品は、昔から数多く存在します。その代表的な作品である『バック・トゥ・ザ・フューチャー』は、多くの人に親しみ深い映画でしょう。この映画では、主人公のマーティが思いがけず両親の恋路を妨げてしまいます。そのため、自分が生まれなくなってしまう危機を回避するべく、歴史を元通りにしようと奮闘するのです。

また、アニメや映画の『ドラえもん』でもタイムトラベルがあつかわれています。のび太くんの机の引き出しの中にはタイムマシンがあり、いつでも好きな時代に行くことができました。興味深いことに、このタイムマシンは後述する「ワームホール・タイムマシン」とよく似たしくみをもっています。

このように過去と未来を行き来するタイムトラベルは、多くの人がSFの世界だけの話だと考えているかもしれません。しかし実際には、タイムトラベルは相対性理論などの物理学を駆使して真剣に研究されている分野なのです。第4章では、このタイムトラベルの可能性についてせまっていきます。

第2章で説明したように、アインシュタインの相対性理論によって、時間の流れは条件により速くなったり遅くなったりすることが明らかになりました。この効果を利用すれば、未来へのタイムトラベルは理論的に可能です。

では過去へのタイムトラベルはどうでしょう。1949年、数学者クルト・ゲーデル（1906～1978）は、画期的な発見をしました。もし宇宙が回転していれば、宇宙を旅することで出発した時点やそれ以前にもどることができるという可能性を、一般相対性理論にもとづいて示したのです。天文観測によると宇宙は回転していないため、このモデルは現実的ではありません。しかし一般相対性理論にもとづくかぎり、特定の条件下では過去へのタイムトラベルが可能になるという点を指摘したことは、重要な意味をもっていました。

さらに1988年には、アメリカ・カリフォルニア工科大学名誉教授のキップ・ソーンが、一般相対性理論にもとづき、過去へのタイムトラベルを可能にする新たな方法を考案しました。それが、ワームホールを使った方法です。この方法については、のちほどくわしく説明します。

しかしもし過去へのタイムトラベルが可能だとしたら、歴史の改変にもつながります。それによって生じる矛盾を「タイムパラドックス」といいます。そのため多くの物理学者はその可能性に否定的です。また、理論的に可能かどうかについても、今なお議論がつづいています。このように、相対性理論以降、タイムトラベルの可能性は物理学を舞台に学問として研究されてきました。

未来へのタイムトラベルは日常茶飯事？

まずは、未来へのタイムトラベルの可能性について考えてみましょう。未来へのタイムトラベルとは、「自分が実際に経験した時間よりも、さらに先の未来に到達するような状況」をさします。このタイムトラベルを実現する手段の一つとして、特殊相対性理論の効果を利用する方法があります。先に説明したように、特殊相対性理論によれば、物体が光速に近い速度で移動するほど時間の流れが遅くなります。この効果を応用することで、未来へのタイムトラベルが可能になるのです。

『浦島太郎』の物語を例に考えてみましょう。この物語では、浦島太郎が海底の竜宮城で過ごしたあとに地上にもどると、そこは彼の知る人々がいない未来の世界になっていました。一見すると単なるおとぎ話のように思えますが、特殊相対性理論の観点から見ると、そうともいいきれないのです。

仮に竜宮城を光速に近い速度で移動できる宇宙船だと考えてみましょう。太郎は竜宮城で3年ほど過ごしたとされています。特殊相対性理論にもとづいて計算すると、竜宮城が光速の99・995％で移動していた場合、竜宮城での3年間は地上での300年に相当することになります。このように、浦島太郎の物語は特殊相対性理論によって科学的な解釈が可能なのです。

このような時間の遅れは自然界でも実際におきています。その代表的な例が「ミューオン」という極小の粒子です。この粒子は日常的に未来へのタイムトラベルを行っているのです。

宇宙から地球に向かって降り注ぐ「宇宙線」という放射線が地球の大気にぶつかると、ミューオンが生まれます。ミューオンは通常、100万分の2秒というわずかな寿命しか存在することができず、すぐに崩壊して別の粒子に変化してしまいます。この短い寿命では、大気上層で発生したミューオンは地上に到達する前に崩壊してしまうはずです。

しかし実際には、ミューオンは地上でも観測されています。これは、ミューオンが光速に近い速度で移動しているためです。地上から見ると、光速に近い速度で移動するミューオンの時間の流れは遅くなります。その結果、ミューオンの寿命がのび、10数キロメートルから数百キロメートルもの距離を移動して地上まで到達することが可能になるのです（図4－1）。

電子などの粒子を光速近くまで加速する「加速器」という実験装置でも、粒子の寿命がのびる現象が当たり前のように観測されています。このように、物理学者にとって、未来へのタイムトラベルは日常茶飯事なのです。

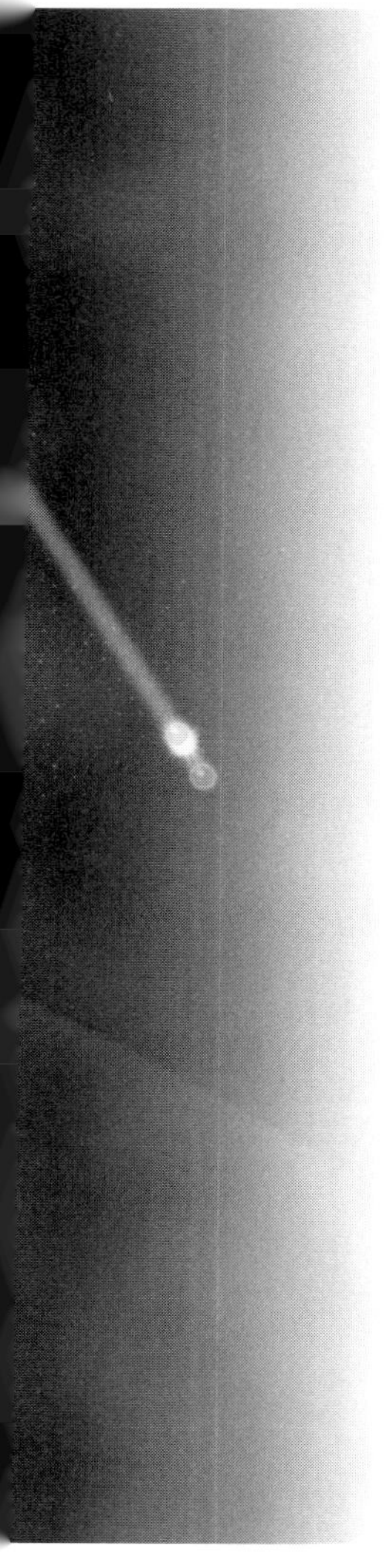

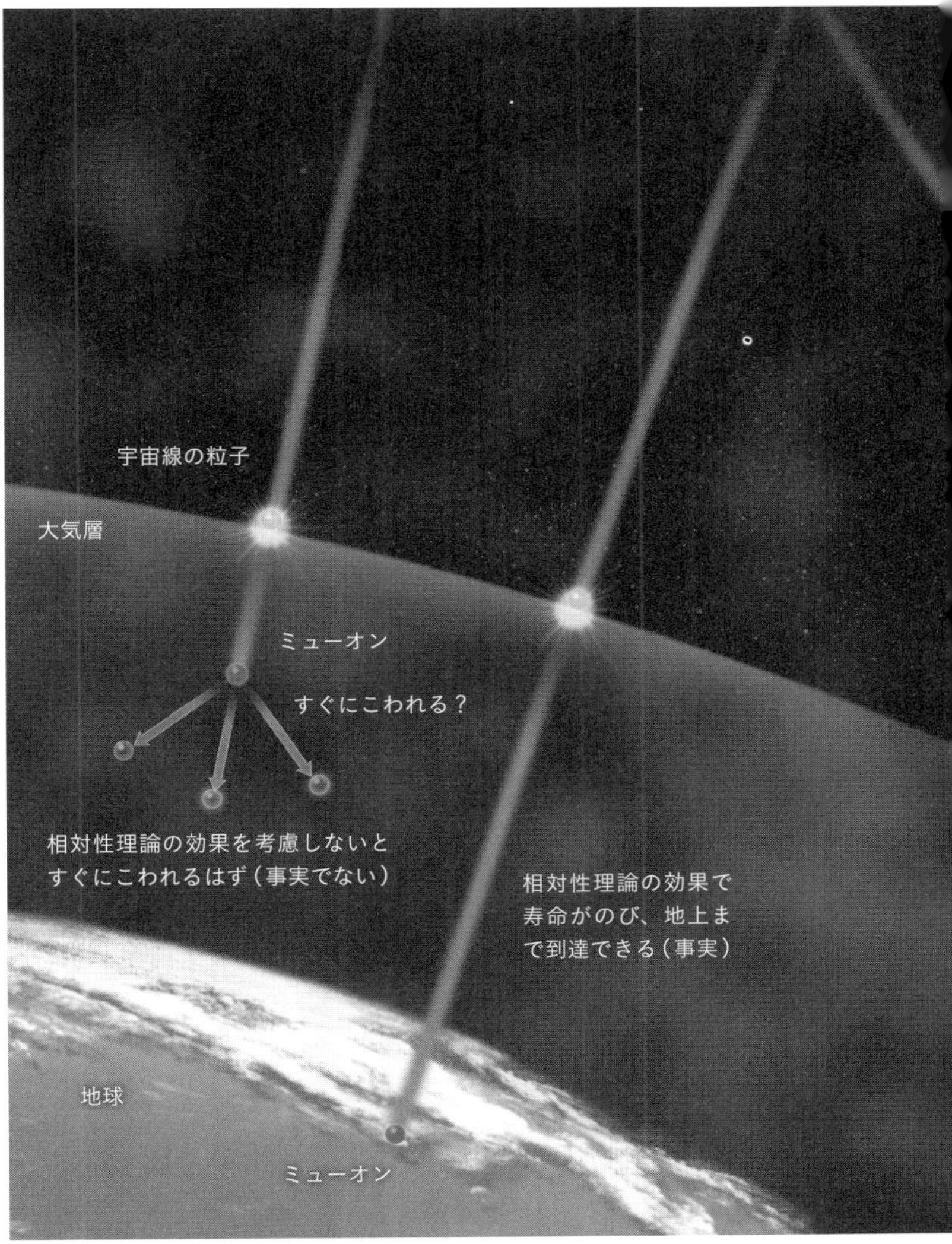

図4-1.　相対性理論の効果で寿命がのびるミューオン

また、実は私たちも簡単に未来へタイムトラベルをすることができます。たとえば旅客機は、秒速0・25キロメートル程度（時速900キロメートル程度）で飛んでいますが、旅客機に乗っていると特殊相対性理論の効果で、1000億分の3％ほど地上よりも時間が遅くなります。つまり、10時間フライトして着陸すればそこは100万分の1秒ほど先の未来ということになります。あまりにわずかな時間のため実感することはできませんが、「未来へのタイムトラベルをしているか」と聞かれれば、間違いなく私たちもしているといえるでしょう。

ちなみに、光速近くで飛ぶ宇宙船で宇宙を旅して帰ってきた場合、理論的には浦島太郎のように実感ができるくらいのタイムトラベルが可能です。ただしこのようなタイムトラベルは、単純そうに見えて、実はややこしい問題を抱えています。本当にこの方法でタイムトラベルができるのかについては、のちほどくわしく説明します。

ブラックホールを使って未来旅行ができる？

今度は一般相対性理論にもとづき、タイムトラベルの可能性について考察してみましょう。第2章で説明したように、一般相対性理論によれば、強い重力をもつ天体の近くでは時空がゆがみ、時間の流れが遅くなります。たとえば質量が地球の約33万倍、半径が約109倍もある太陽の表面では、1年あたり地球より約1分の時間の遅れが生じます。これは、太陽の表面で60年を過ごすと、地球では約1時間進んでいることを意味します。

60年かけて約1時間分の時間差を生むのは、あまりに非効率的だと感じる方も多いでしょう。実は、もっと先の未来に行く方法が存在します。それは、太陽とはくらべものにならないほど強大な重力をもつ天体、ブラックホールを利用する方法です。第2章でお話ししたように、ブラックホールは重力が強すぎて光さえも脱出できない天体です。そのため、ブラックホールに近づくほど時間の進みは遅くなり、その表面では時間の流れが完全に止まってしまいます。

ここでいうブラックホールの表面とは、地球の表面のような境界面ではありません。ブラックホールの表面とは「これより内側に入ると光ですら二度と出られなくなる境界」を意味します。つまり、実際に何か特別な物質があるわけではないのです。この境界面は「事象の地平面」とよばれます。

ブラックホールの特性を利用した未来へのタイムトラベルの具体的な方法は次の通りです。まず宇宙船でブラックホールの近くまで移動し、その強力な重力に飲みまれないよう距離を保ちながら、しばらくそこに滞在します。その後、頃合いを見はからってブラックホールからはなれ地球にもどる、これだけです（図4−2）。

この方法なら、たとえば地球では100年が経過している間に、宇宙船内では3年しか経過していないという状況をつくりだせます。つまり、ブラックホールの近くにいるだけで、97年分の未来へのタイムトラベルが実現できるのです！ただし、この方法には大きな危険がともないます。もし誤ってブラックホールの中に落ちてしまったら、二度と脱出することはできません。

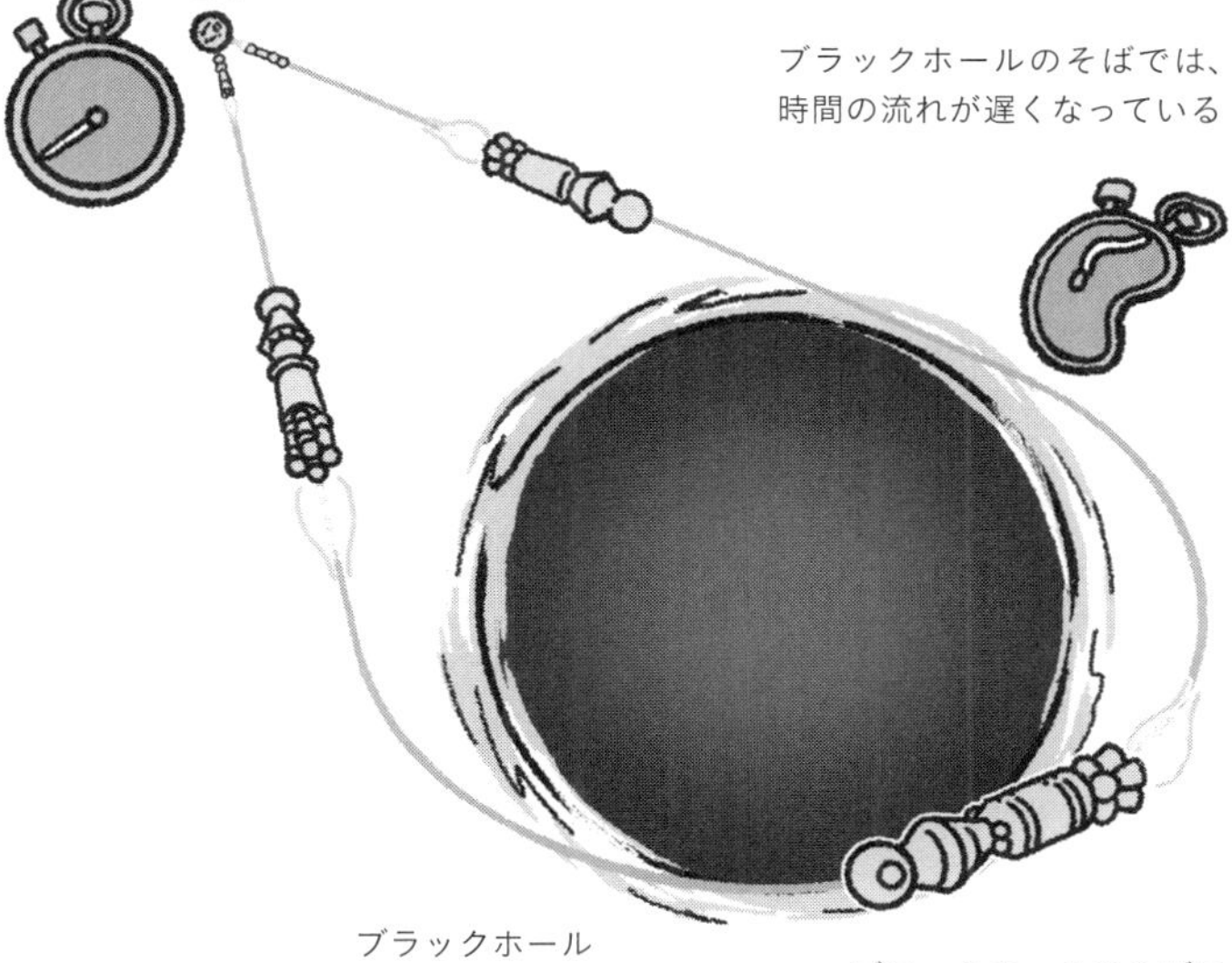

図4-2.　ブラックホールを使ったタイムトラベル

ブラックホールの近くは時間が遅くなっているため、しばらくそばに滞在してから地球にもどると、大幅なタイムトラベルができる。

木星からつくるタイムマシン

ブラックホールを使うより安全なタイムトラベルの方法もご紹介しましょう。タイムトラベルの可能性を理論的に研究してきたアメリカのプリンストン大学宇宙物理学科教授、リチャード・ゴットが著書『Time Travel in Einstein's Universe』（邦題『時間旅行者のための基礎知識』・草思社刊）の中で提案した、地球のおよそ318倍もの質量をもつ木星を利用してタイムマシンをつくりだすという斬新な方法です。

まずタイムトラベルをしたい人の周囲に、木星のすべての物質を使い、木星と同じ大きさの球状の殻をつくります。その後、この殻を何らかの方法で圧縮して直径6メートル程度まで小さくすれば、超高密度な球状の殻が完成します。これが未来へのタイムマシンになるのです（図4－3）。

この球状の殻は、とてつもなく強い重力をおよぼす物体です。そのため、ブラックホールと同じように、内部では地球上よりも時間の進み方が遅くなりま

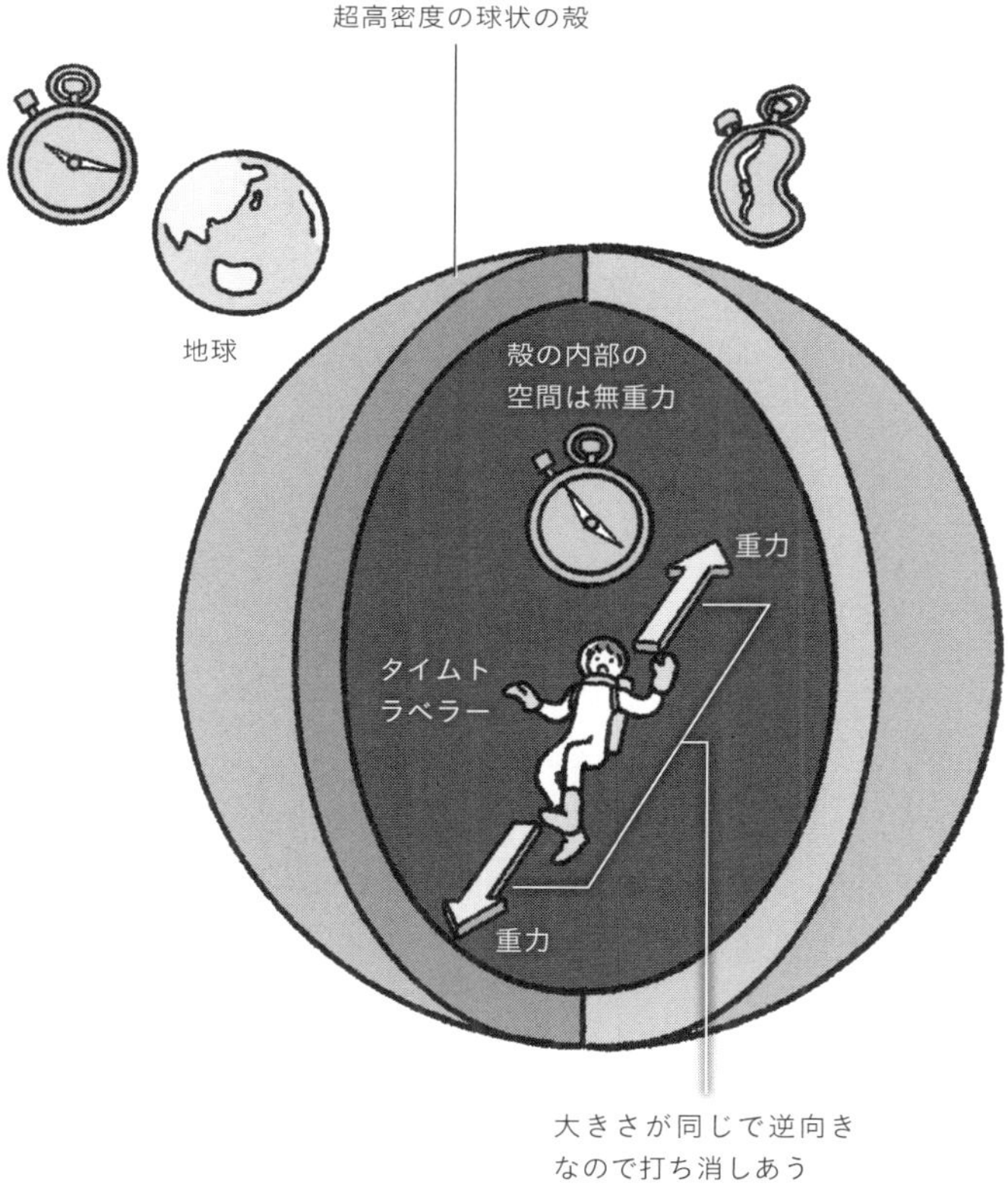

図4-3.　球状の殻を使ったタイムトラベル

す。この時間の遅れを利用することで、未来へのタイムトラベルが可能になるのです。

ただ、このような強大な重力をもつ物体に囲まれてしまったら、体が引き裂かれるのではないかという不安もあるでしょう。しかし、完全に対称な球状の殻の内部は無重力状態になるため、その心配はありません。なぜなら、殻がもたらす重力は内部の人をあらゆる方向に引っ張りますが、ある方向からの重力は必ず反対方向からの重力と打ち消しあうので、全体としては無重力になるためです。この殻の内部で5年を過ごした場合、外部では20年が経過する計算になります。つまり、15年分の未来へのタイムトラベルが可能となるわけです。

しかし残念ながら、このようなタイムマシンをつくるには、現代の科学技術をはるかに超えるテクノロジーが必要です。そもそも20年先の未来に行くために、5年間も6メートルの球体の中ですごさなければならないことを考えると、あまり現実的な方法ではないかもしれません。

宇宙船の兄と地球の弟、先に年をとるのはどっち？

ここからは、この章のはじめに紹介した高速で移動することによる「未来へのタイムトラベル」について、よりくわしく考えていきましょう。特殊相対性理論によると、高速で動く物体の時間の進み方は遅くなるのでした。この効果を利用すれば、本当に未来へのタイムトラベルは可能なのでしょうか？

次のような状況を考えてみましょう。20歳の双子の兄弟がいるとします。兄は「光速の80％」で進むことができる宇宙船に乗り、地球から24光年の彼方にある惑星をめざします。宇宙船は惑星に到着したら、すぐに帰路につきます。一方の双子の弟は、地球で兄の帰りを待っています。

光速の80％の宇宙船というと大変速いスピードですが、それでも宇宙船が地球と目的地を往復するには、単純計算で「60年」（48光年÷0.8）かかります。

宇宙船が出発するとき、双子の兄弟はともに20歳です。さて、兄が帰還して地球で再会するとき、双子の兄弟は何歳になっているでしょうか？

単純計算なら60年後に兄が帰還して、80歳になっているはずですが、時空は伸び縮みするという相対性理論の効果を考えると、二人が再会するときには実は80歳にはなりません。宇宙船は高速で移動しているため、おたがいに時間が遅れる影響が出てくるはずなのです。

兄は未来の地球にタイムトラベルをしたのか

双子の兄弟の状況を、特殊相対性理論をもとに考えてみましょう。

地球に残った弟の視点で兄の帰りを待つことにします。特殊相対性理論によると、移動速度が速いほど時間の進み方がゆっくりになるのでしたね。光速の80%で進む兄の時間の流れは、止まっている弟の60%に遅くなります。

つまり地球で待っている弟にとって60年が経過したとき、宇宙船の中はまだ36年(=60年×0.6)しか経過していないことになります。したがって60年後に兄が帰ってきた場合、兄は56歳です(図4−4)。

そのとき弟は80歳です。宇宙船の中では36年しかたっていないにもかかわら

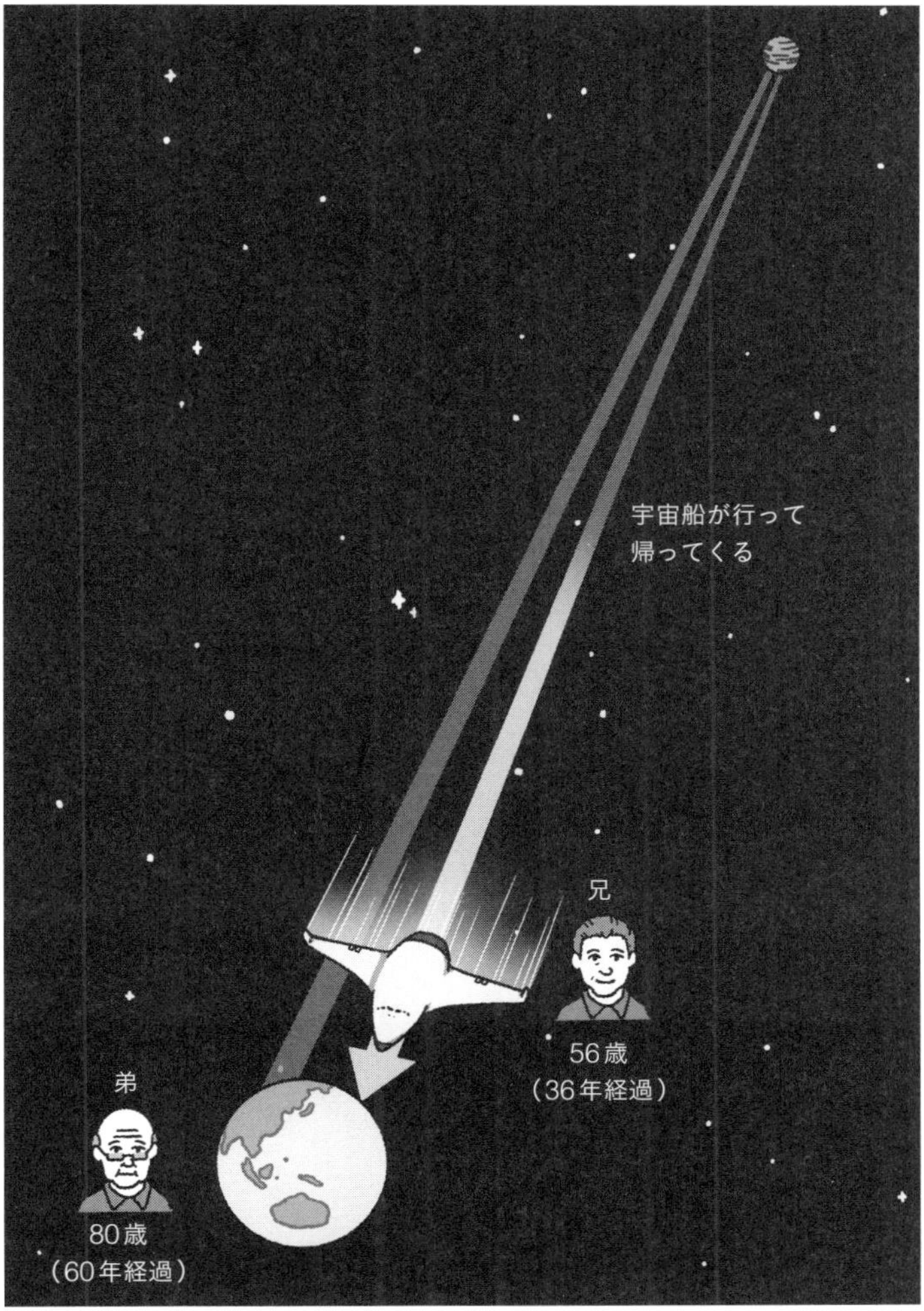

図4-4.　弟の視点

地球で待つ弟にとって60年が経過したとき、宇宙船の中はまだ36年（＝60年×0.6）しか経っていない。

ず、地球では60年が経過していたわけですから、弟の視点で考えると、兄は未来の地球にタイムトラベルしたといえるでしょう。

兄から見ると、弟の時間が遅れる

しかし、いまの説明は本当に正しいのでしょうか？　特殊相対性理論では、時間の遅れはおたがいさま、ということを思いだしてください。今度は宇宙船に乗っている兄の視点で考えてみましょう。

宇宙船に乗る兄の立場からすれば、あくまでも宇宙船は止まっていて、地球のほうが宇宙船の後方へと光速の80％で遠ざかり、帰還するときには、同じく光速の80％で近づいてくるように見えます。兄からすると高速で移動しているのは、弟のほうなのです。

特殊相対性理論によると、動いているものの時間の進み方が遅くなります。つまり、宇宙船の兄から見ると、地球のほうこそ時間の流れる速さが自分（宇宙船）の60％に遅くなっているということです。

それだけではありません。動いているものは、進行方向に対して長さが縮みます。兄が光速の80％で移動すると、進行方向の長さが60％に縮みます。宇宙船の兄から見ると、地球を含む周囲の宇宙全体が動いているわけですから、宇宙全体が進行方向に対して60％に縮むのです。

今回の例では、目的地の惑星までの距離も60％に縮み、24光年ではなく14・4光年（24光年×0.6）になります。距離が短くなるため、宇宙船は目的地に18年（24光年×0.6÷0.8）で到着することができます。往復にかかる時間は36年です。

20歳のときに宇宙船に乗って地球を出発した兄は、36年後に地球に帰還します。そのとき兄の年齢は56歳です。しかしその間、兄から見ると動いているのは地球のほうです。地球の時間の流れは自分の60％に遅くなっており、往復にかかる36年の間に、地球では21・6年（36年×0.6）しかたっていないことになります（図４−５）。

兄は36年の時間がたったため56歳。弟は21・6年の時間がたったため41・6歳。先ほどの弟の視点で考えると兄のほうが若かったにもかかわらず、今度は弟のほうが若くなってしまいました！　どちらの視点で考えるかで、結果が変わっ

図4-5.　兄の視点

宇宙船の兄にとって、地球の時間の流れは自分の60％に遅くなっているため、往復36年の間に、地球では21.6年しかたっていない。

てしまったのです。この矛盾を「双子のパラドックス」といいます。

双子のパラドックスを解く鍵は、兄の加速と減速

パラドックスとは一見正しいと思える論理から、納得しがたい結論に行き着いてしまう問題のことです。では弟と兄の視点は、結局どちらが正しいのでしょうか？　結論としては、再会時には宇宙を旅してきた兄のほうが若くなるという弟の視点が正しいことになります。

その要点となるのは、地球にもどるために進行方向を逆向きに変える「折り返し」です。この折り返しがあるために、兄と弟の立場を単純に置きかえて考えることはできないのです。

両者が一定の速度で一定の方向へと進む等速直線運動をしているかぎりは、おたがいに相手の時間のほうがゆっくりと流れます。ただし今回の場合、弟は地球にずっととどまっていますが、兄は途中で折り返して進行方向が変わるため、往路と復路で同じ等速直線運動をしているわけではありません。地球で静止してい

る弟と、折り返しの際にかならず加速度運動を行う兄は、対等には論じられないのです。

相対性理論によると、兄の宇宙船が進行方向を変えた瞬間、地球にいる弟の時間が一気に進みます。それにより兄から見ると折り返し前には自分より年下だった弟が、折り返し後には急に何十歳も年上になっているという奇妙なことがおきるのです。

少々むずかしいですが、兄の経過時間のほうが短いという事実をメールの送受信で確認してみましょう。相手の時間経過を知るために、兄弟がたがいに6年ごとに相手にメールを送信します。図4－6が弟から兄へのメール送信、図4－7が兄から弟へのメール送信をえがいたグラフです。

弟の位置をグレーの太線、兄の位置を白い太線で示しています。縦軸は地球からの距離です。地球と宇宙船の経過時間は、それぞれの太線の近くに示しています。

兄と弟は、自分の時間で6年経過するごとに相手にメールを送ります。メールは電波で送信され、電波は光の一種ですから光速で進みます。

まず、図４－６から、地球の弟から送ったメールについて考えてみましょう。往路では宇宙船はメールから逃げるように進むため、１通目のメールは宇宙船が目的地に着いて折り返す「18年目」にようやく届きます。折り返し後の宇宙船は地球にどんどん近づいていくため、メールが短い間隔（2年ごと）で届くようになります。そして最終的に、宇宙船の兄は36年間で地球の弟からの「60年分」のメールを受信します。

次に図４－７から宇宙船の兄から送ったメールについて考えてみましょう。目的地で折り返すまでに宇宙船から送信した３通のメールは、地球では「18年ごと」に受信されます。宇宙船が折り返したあとは地球との距離が短くなっていくため、メールはやはり短い間隔（2年ごと）で地球に届くようになります。そして最終的に、地球の弟は60年間で宇宙船の兄からの「36年分」のメールを受信するというわけです。

宇宙船の折り返し前後でメールの受信間隔は変わりますが、最終的に兄は図４－６のように36年間で弟からの60年分のメールを受信し、弟は図４－７のように60年間で兄からの36年分のメールを受信することがわかります。これは「兄の経

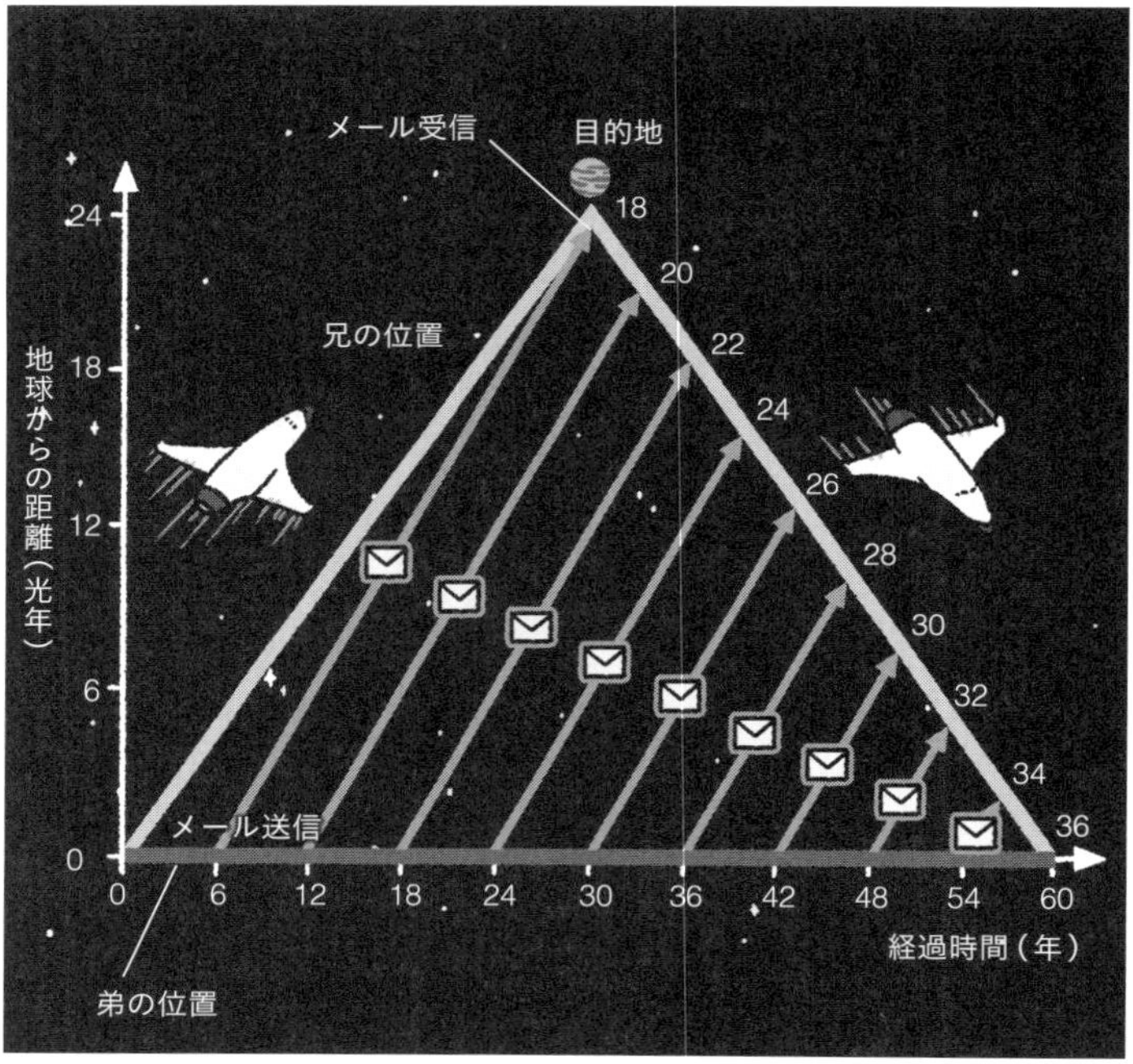

図4-6.　弟から兄へ6年ごとにメールを送信

最終的に、宇宙船の兄は36年間で地球の弟からの60年分のメールを受信する。

過時間のほうが短い（地球での再会時に兄のほうが若い）」という、弟視点の計算結果と一致していますね。

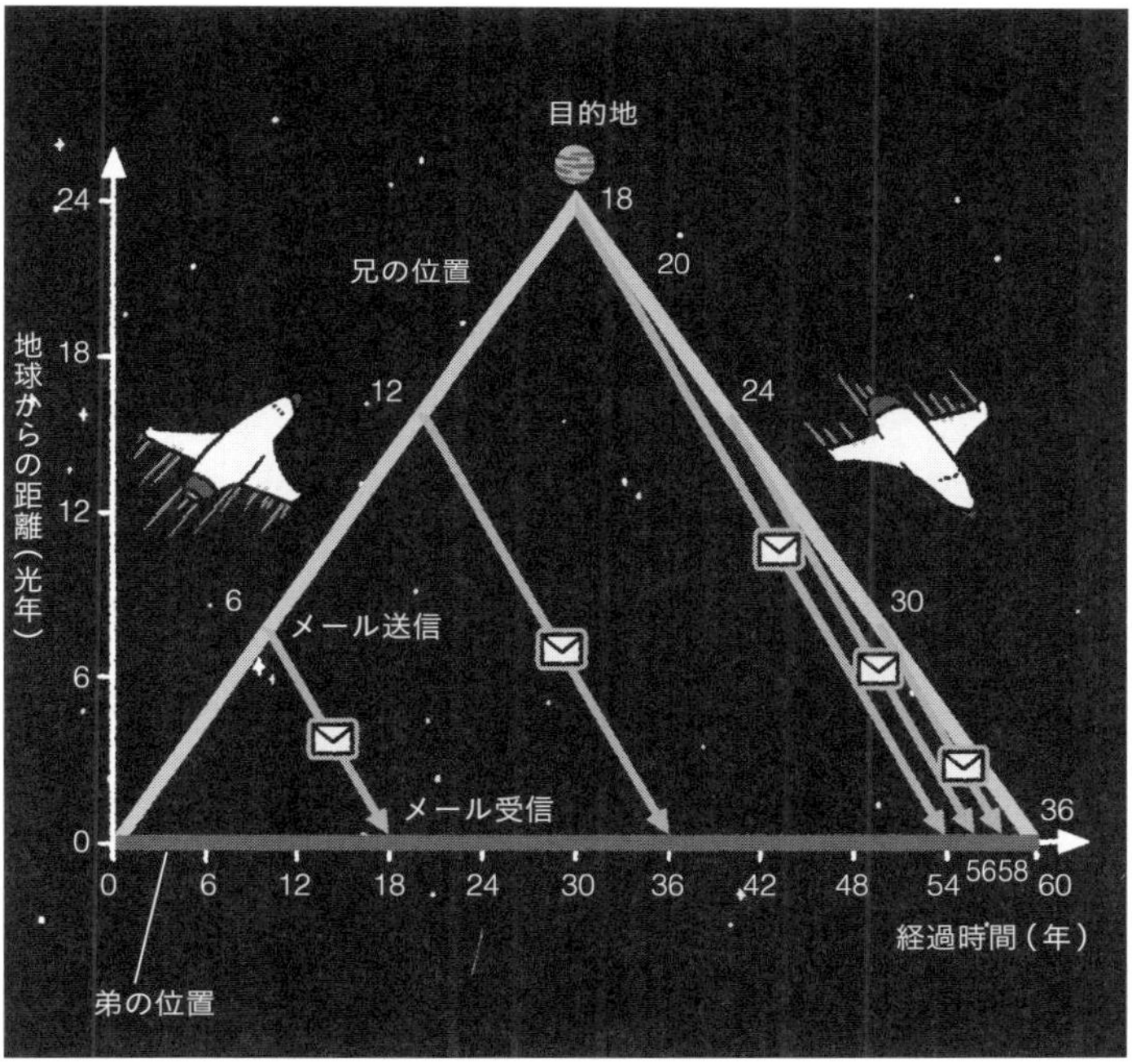

図4-7.　兄から弟へ6年ごとにメールを送信

最終的に、地球の弟は60年間で宇宙船の兄から36年分のメールを受信する。

宇宙船と地球の時間を、一般相対性理論で考える

ここまで、兄は一瞬で地球から加速し、さらに一瞬で逆方向に折り返すという現実ばなれした設定で考えました。ここからは一般相対性理論を考慮し、宇宙船の加速・減速も加味して考えてみましょう。

加速・減速をすると、慣性力が生じます。一般相対性理論では慣性力と重力は同じものとみなします。つまり加速や減速をすると、時間の進み方が遅くなるという現象が生じます。この現象は、おたがいさまではありません。だれから見ても加速・減速するほうが時間が遅くなるという、絶対的な遅れです。

反対に、地球にとどまっている弟は加速・減速を行いませんから、弟の視点で考えるときには、とくにこの現象を考慮する必要はありません。加速が時間に影響するのは宇宙船の兄だけ、ということです。

宇宙船に乗る兄は、地球を出発するときの加速、目的地に着陸するときの減速、目的地を出発するときの加速、そして地球に着陸するときの減速という、少

なくとも計4回の加速・減速を行います（図4－8）。この計4回の加速・減速のときに、絶対的な時間の遅れが生じるのです。

まず、地球を出発して速度が上がって光速に近づくと、宇宙船の外の空間は急激に縮みます。そして宇宙船が目的の惑星に着陸するために減速をはじめると、周囲の空間が急に伸びはじめ、これまで宇宙船の後方14光年ほどの距離にあった地球が、24光年先まで遠ざかっていくことでしょう。

目的の惑星を飛び立つときは、加速にともなって空間が縮みはじめます。今度は24光年先にあった地球が14光年ほどの距離まで近づいてきます。

この加速・減速によって、兄の時間の進み方は急激に遅くなります。そのため兄から見た弟の時間は急激に進み、弟は急に年をとることになるというわけです。

往復の等速直線運動の期間は、兄から見た弟の時間がゆっくり進みます。ですが宇宙船出発時の加速、折り返し、そして着陸時の減速によって兄の時間が遅れる効果のほうが大きいため、地球で再会すると兄のほうが若いという結論になるのです。

つまり、一般相対性理論を考慮して加速や減速を加味しても、やはり兄のほう

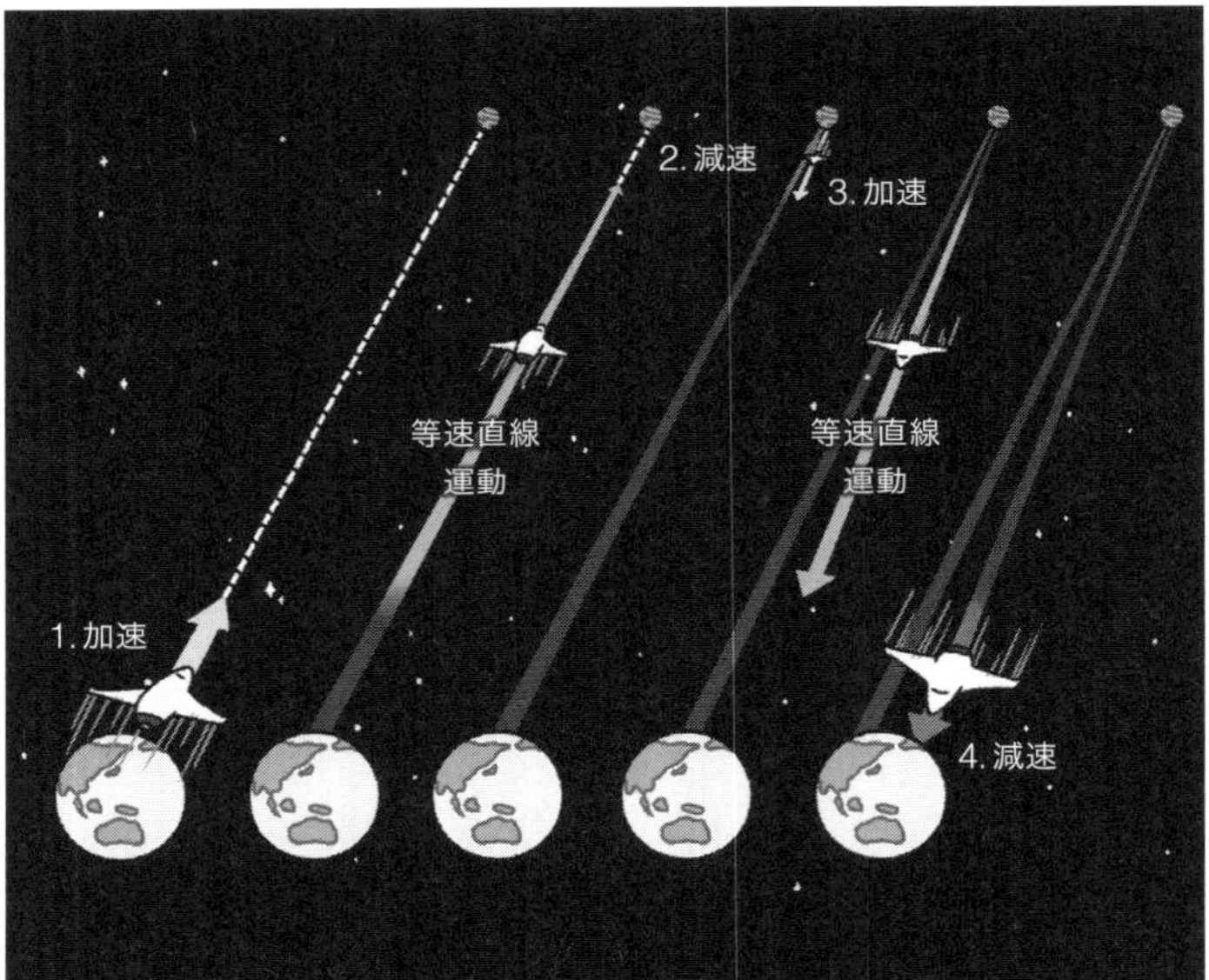

図4-8.　計4回の加速・減速で、絶対的な時間の遅れが生じる

が若いことになります。
いわば兄は、未来の地球へのタイムトラベルに成功したのです！

過去へのタイムトラベルはできるのか

未来へのタイムトラベルが理論的に可能だということがわかったところで、今度は過去へのタイムトラベルの可能性について検討していきましょう。過去へのタイムトラベルを考える際に避けて通れないのが、「過去にもどって歴史を変えることはできるのか」という根本的な問題です。

次のような状況を想定してみましょう。アリスがタイムトンネルを使って過去にもどったとします。その後、アリスは何らかのトラブルに巻きこまれ、タイムトラベルを後悔します。そこで、過去の自分がタイムトンネルに入るのを阻止しようとするのです。はたして、アリスは過去の自分のタイムトラベルを阻止できるでしょうか。

仮に「阻止できる」とすると、過去にもどるアリスがそもそも存在しなくなってしまいます。そのため結果的に、過去の自分のタイムトラベルを「阻止できない」ことになります。つまり、「阻止できた」という仮定から「阻止できない」と

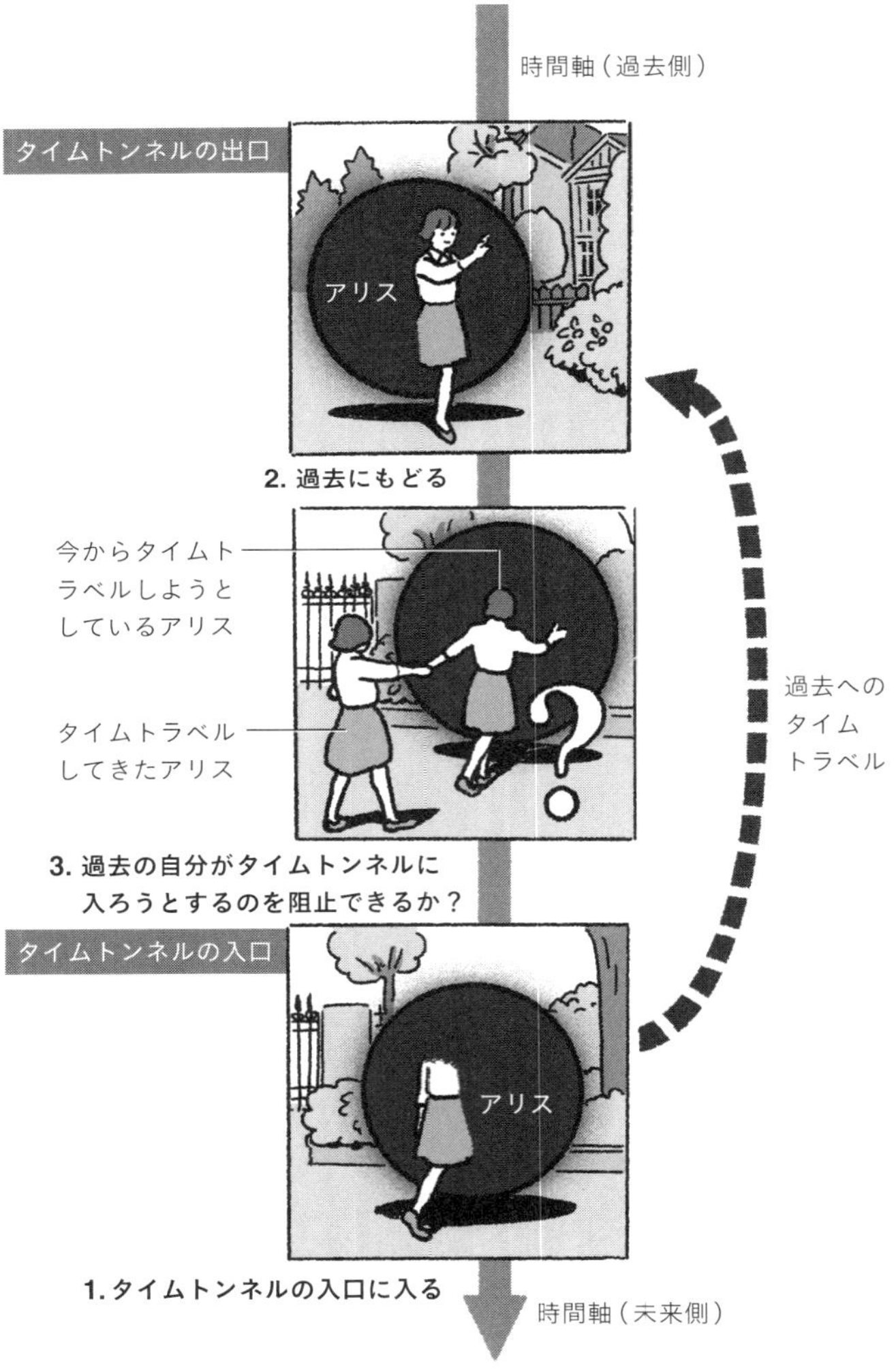

図4-9.　タイムパラドックス

過去へのタイムトラベルをする自分を「阻止できた」と仮定すると、「阻止できない」という結論がみちびかれる。このような矛盾をタイムパラドックスという。

いう結論がみちびかれるという矛盾が生まれるのです。このような矛盾はタイムパラドックスとよばれています(図4－9)。

別の例も見てみましょう。アリスがある年のベストセラー小説を購入し、数年前に戻って、まだその小説を書いていない作者のボブにその本を渡したとします。ボブがその小説を自分の作品として発表すれば、確かにベストセラー作家になれるでしょう。しかし、ここで「この小説の作者は誰なのか」という疑問が浮かびます。小説を受けとったボブは自分では書いていませんし、結果として誰も小説を書いていないことになってしまいます。つまりこの例では、何もないところから小説の内容が生まれたことになってしまうのです。

物理学を含むすべての科学には「因果律」という大前提があります。これは「あらゆる現象には、時間的に先行する原因が存在する」という原則です。先の二つの例からわかるように、過去への移動が可能になると、結果(未来)が原因(過去)に影響を与えることができるようになり、因果律が崩壊してしまいます。このため、多くの科学者は過去へのタイムトラベルの可能性に否定的です。

しかし、過去へのタイムトラベルが絶対に不可能なのかどうかは、実はまだ

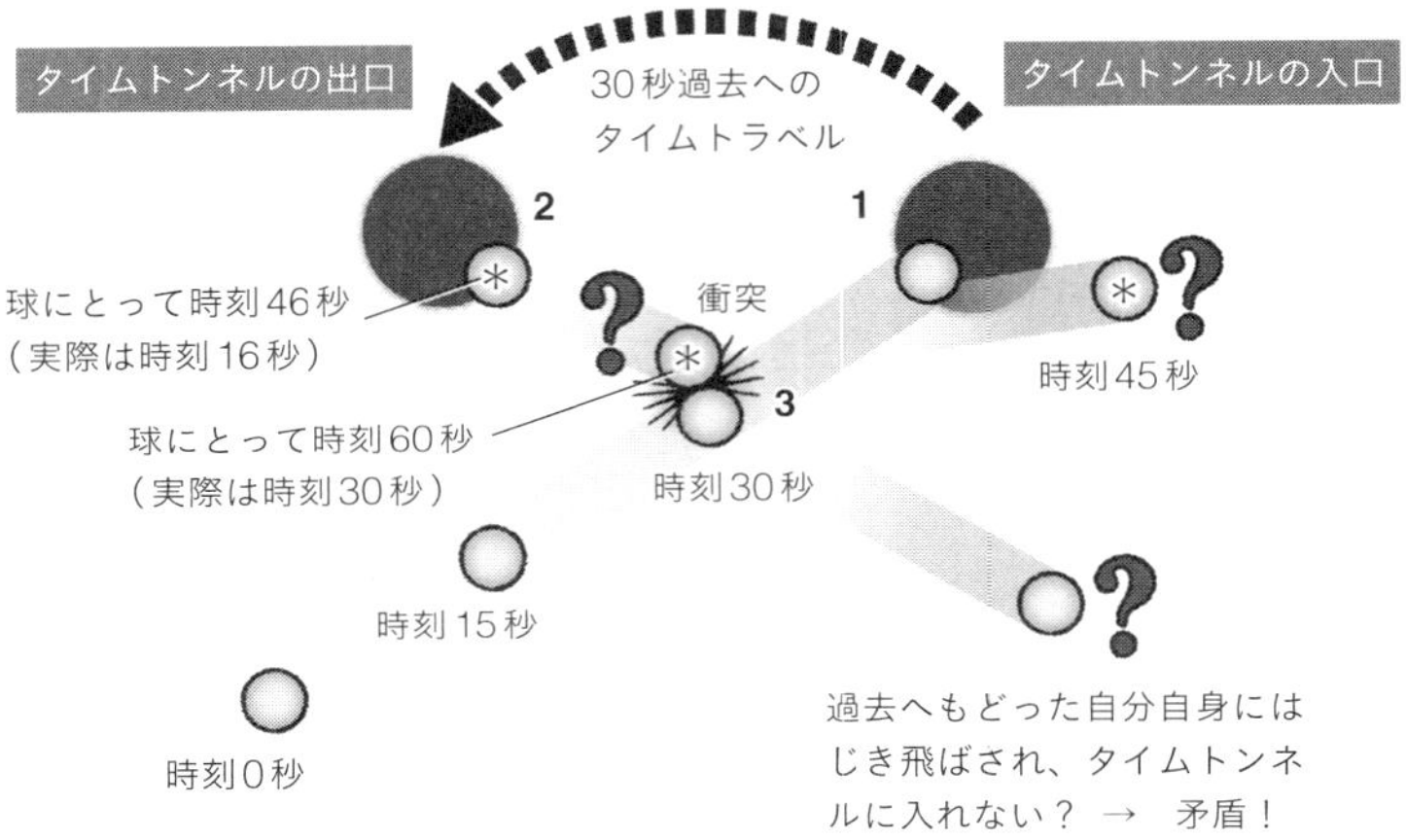

図4-10.　矛盾が生じる過去へのタイムトラベル

このようなタイムトラベルはありえない。なおタイムトラベル後の球は＊の印をつけて区別した。

はっきりとした結論が出ていません。たとえ過去にもどることができたとしても、因果律を崩壊させない状況を想定することは可能です。それは「歴史は決して変えられない」という考え方をすることです。

図4－10を見てください。ビリヤードの球がタイムトンネルを通って、過去にもどるようすをえがきました。時刻0秒に左下から右上へ向かって進みはじめた球は、45秒後にタイムトンネルの入口に入

ります（図4－10の1）。すると30秒前の過去にもどって出口から出てきました（図4－10の2）。そしてそのまま直進し、時刻30秒の時点での過去の自分と衝突します（図4－10の3）。タイムトラベルをした球と、タイムトラベルをする前の球がぶつかってしまったわけです。

その結果、元の球はタイムトンネルに入れなくなってしまいました。ということは、この球が過去に行くことがなくなってしまい、時刻30秒の自分とぶつかることもなくなくなります。つまり矛盾が生じることになり、このようなタイムトラベルはありえないと思われます。

今度は図4－11を見てください。先ほどと同じように時刻0秒に球が左下から右上へ向かって進みはじめました。すると今度は30秒後に〝何か〟に衝突し、進路を少し変えられてしまいました（図4－11の1）。その結果、タイムトンネルの入口に入ります（図4－11の2）。すると30秒過去にもどって出口から出てきます。そしてその球がそのまま直進すると、時刻30秒の時点での過去の自分自身と衝突しました（図4－11の3）。

スタートから30秒後に衝突してきた〝何か〟とは、未来の自分自身だったの

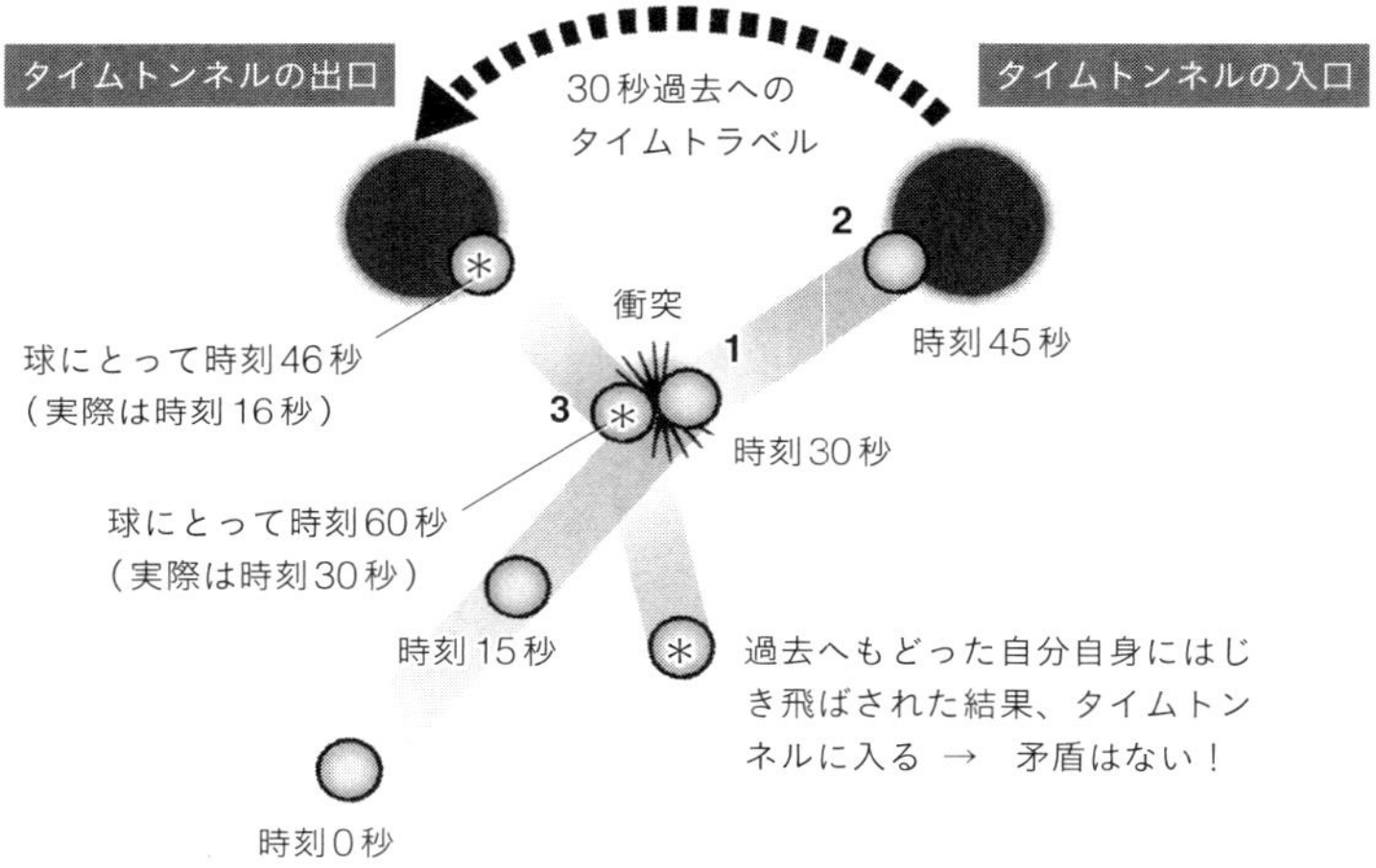

図4-11. 矛盾が生じない過去へのタイムトラベル

この図のようなタイムトラベルならありえるかもしれない。なおタイムトラベル後の球は＊の印をつけて区別した。

です。

このような過去へのタイムトラベルでは、タイムトラベルによって過去に影響を与えてはいますが、歴史自体は変化していないため、矛盾は生じません。球が過去へタイムトラベルすることも、過去の自分自身と衝突して進路をわずかに変えてしまうことも、すべて歴史に〝おりこみずみ〟だったといえます。これが「歴史は決して変えられない」という考えです。

ただし、このような過去へ

のタイムトラベルが許されるのなら、また別の問題が生じます。それは私たちの「自由意志」に関する問題です。たとえば、アリスがふたたびタイムトンネルで過去にもどり、過去の自分のタイムトラベルを阻止しようとしたものの、今度は途中で人に道をたずねられるという予想外の出来事があり、阻止できなかったとします。アリスは過去にもどっていますが、歴史は変わっていません。このように、どうがんばっても歴史は変えられないのであれば、過去へのタイムトラベルをしても矛盾は生じません（図4－12）。

しかしこの例の場合、アリスはみずからの判断で行動できていません。私たちは自由意志でみずからの行動を決めていると信じていますが、もし過去にもどっても決して歴史が変えられないのであれば、自由意志が存在しないことになります。このように、過去へのタイムトラベルには、実にさまざまな疑問をはらんでいるのです。

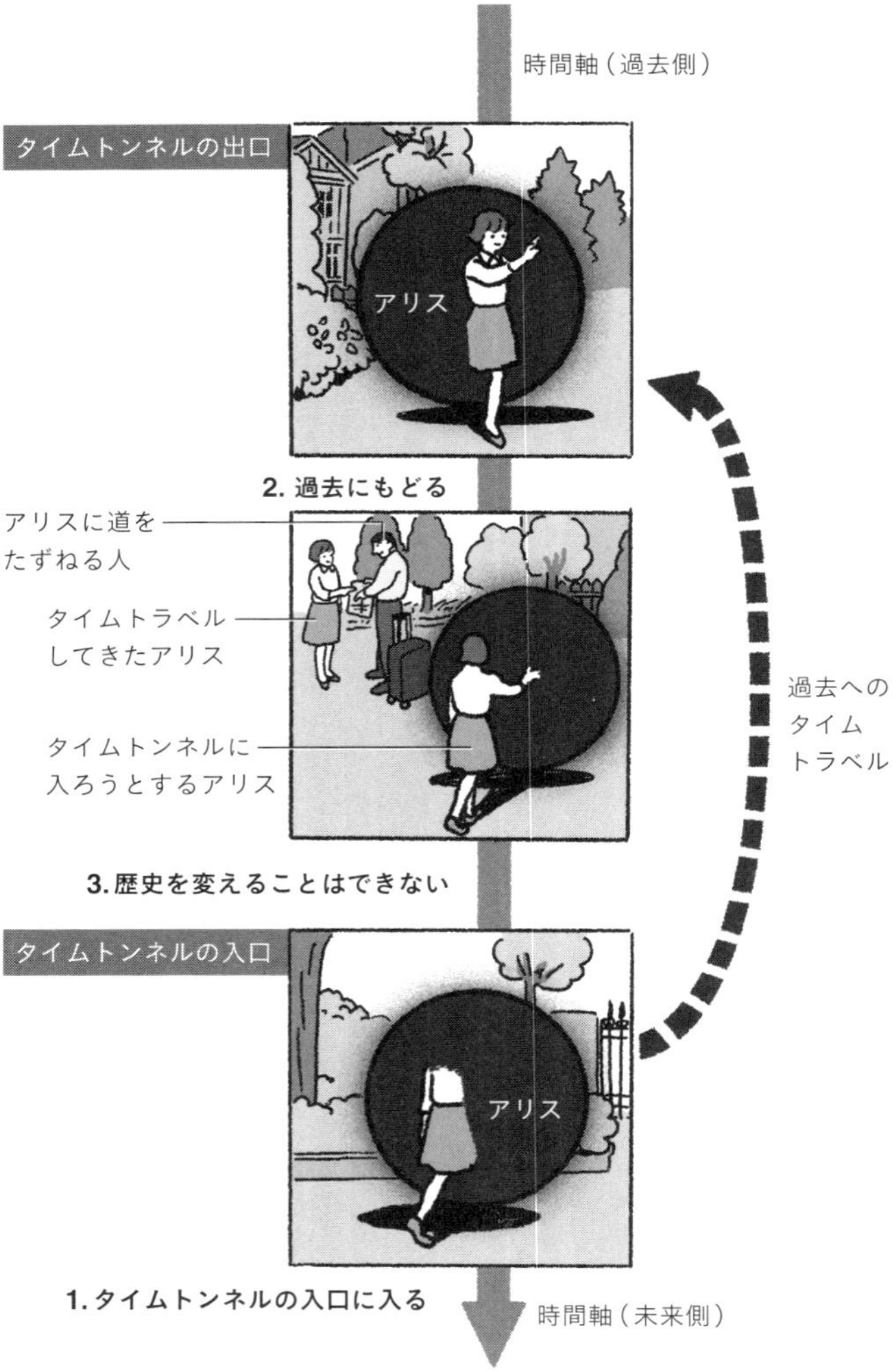

図4-12.　アリスが過去の自分のタイムトラベルを阻止できなかった場合

時間旅行は不可能だと考えたホーキング

過去へのタイムトラベルは不可能だと考える物理学者も多く存在します。特に注目すべき人物は、イギリスの理論物理学者スティーヴン・ホーキング（１９４２〜２０１８）です。ホーキングは「過去へのタイムトラベルは物理法則によって禁止されており、テクノロジーがどれほど発展しても実現はできないだろう」という立場をとりました。

ホーキングは１９９１年に発表した自身の著書『時間順序保護仮説』の中で、「タイムトラベルができないことを示すもっともよい証拠は、私たちがこれまで未来からの旅行者の群れに遭遇したことがないからだ」と語っています。たしかに、もし未来のある時点でタイムマシンが発明されているならば、すでに未来からの旅行者があらわれていてもおかしくありません。そのような事実がないことは、未来においてもタイムマシンが実現できなかったことの根拠といえるでしょう。

また、ユーモアのセンスでも知られるホーキングは、２００９年に興味深い実験を行っています。彼はだれにも告げずに一人でパーティーを開いたのち、そのパーティーの招待状を作成しました。もしタイムトラベルが可能であれば、未来でその招待状を目にした人々がタイムマシンでパーティーに参加するはずだと考えたのです。しかし実際には、パーティーに参加者は現れませんでした。

ただし、ホーキングのこの主張には反論の余地もあります。たとえば、未来人はすでに私たちの時代を訪れているものの、彼らの社会では「その時代の人々に気づかれてはならない」といったルールが設けられている可能性も考えられます。また、現在提唱されている「ワームホールを利用したタイムマシン」は、原理的に発明日より前の過去へのタイムトラベルをすることができません。つまり、将来タイムマシンが開発されたとしても、まだその技術がない現代に未来人が訪れてこないのは、ある意味で当然のことだといえるのです。

「パラレルワールド」があれば過去に行ける？

過去へのタイムトラベルがもたらす矛盾を解決する方法として、「パラレルワールド（並行世界）」の存在を仮定する考え方があります。パラレルワールドとは、私たちの世界と同時に存在する別の並行世界のことで、ミクロな世界をあつかう物理学の理論である「量子論」にもとづいた考え方です。量子論のある解釈によれば、宇宙誕生以降、この世界は分岐をくりかえし、無数のパラレルワールドを生みだしているとされています。この考え方を理解するためには、まず量子論について知る必要があります。

量子論は、私たちの身のまわりのあらゆる物質を形づくる、極めて小さな世界を対象とする理論です。ミクロな物質は、私たちが日常目にする物体とはまったく異なるふるまいをします。そのもっとも特徴的な性質は「物事が確率的にしか決まらない」という点です。

具体例として、原子核の崩壊という現象を見てみましょう。私たちのまわりの

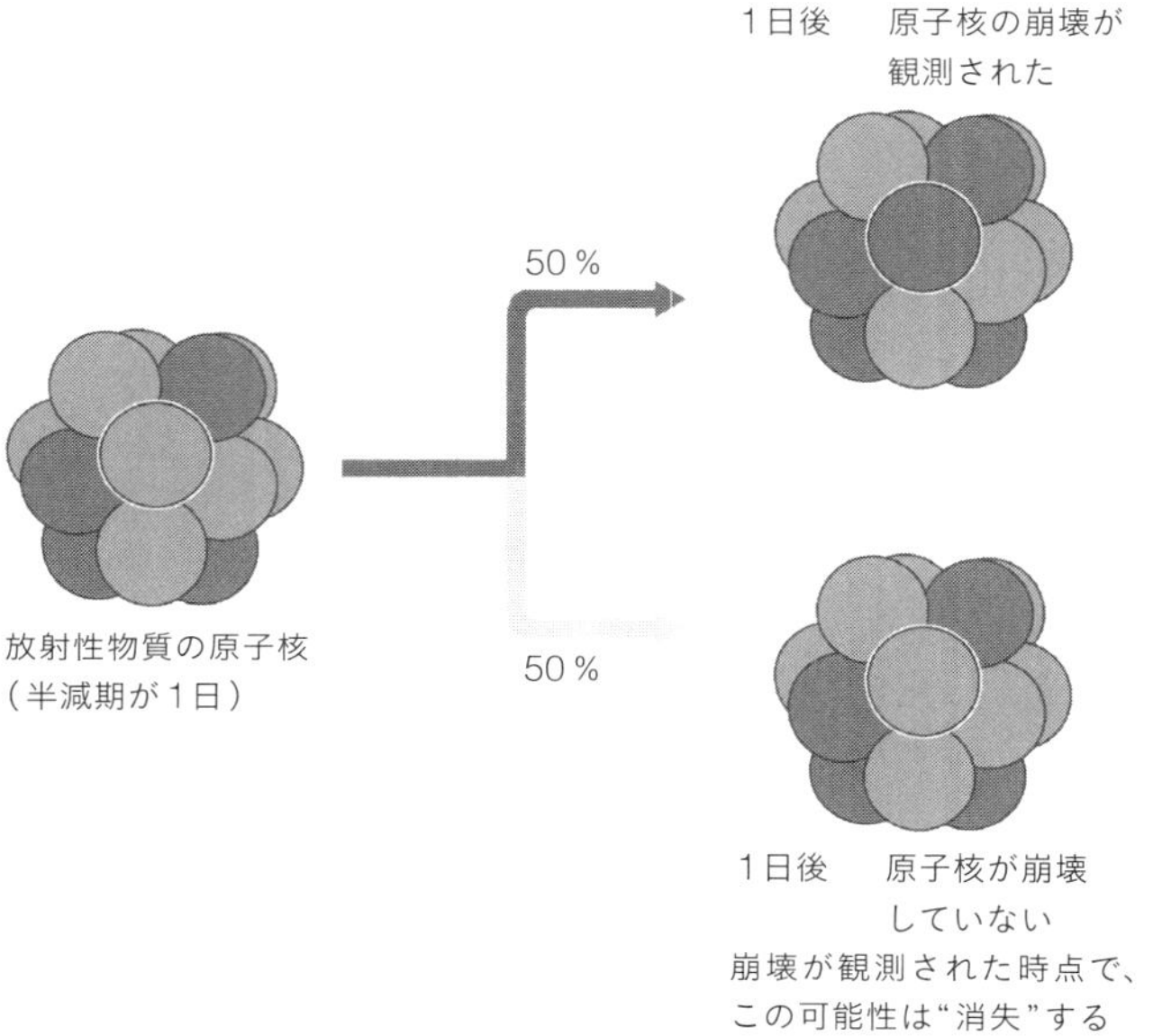

図4-13.　量子論の通常の解釈（確率解釈）

物質は原子でできており、その中心には原子核が存在します。この原子核の中には、時間とともに自然に崩壊するものがあります。量子論によれば、この崩壊のタイミングは確率的にしか予測できません。たとえば「ある原子核が1日以内に崩壊する確率は50％」といった具合です。実際に崩壊がおこるまで、その正確なタイミングを知ることはできないのです。

このこととパラレルワールドがどのように関係している

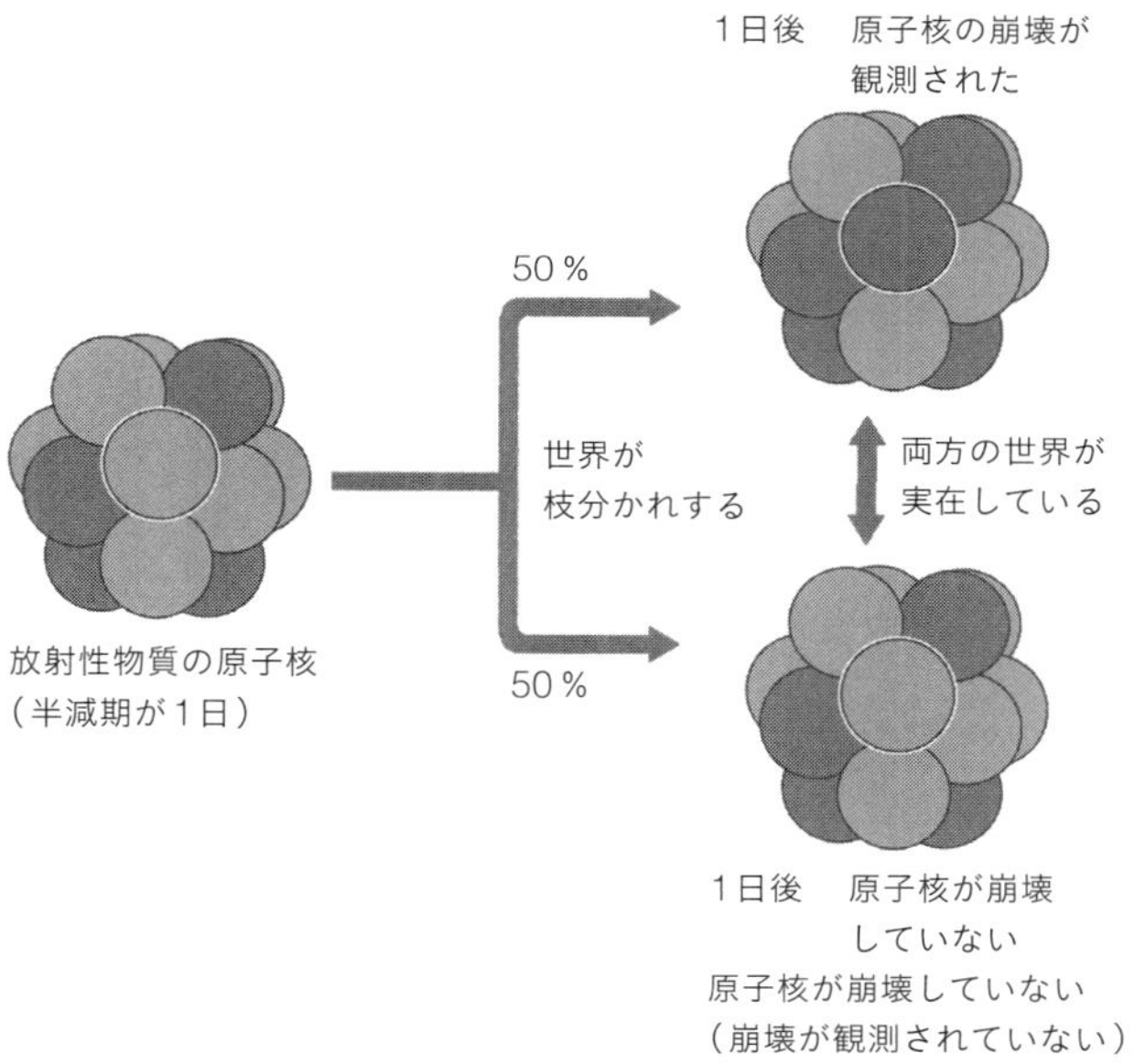

図4-14.　量子論の多世界解釈

のでしょうか。たとえば、１日で崩壊する確率が50％の原子核があるとします。これを１日後に観測したところ、崩壊していたとしましょう。量子論の一般的な解釈では、１日前まで存在していた「１日たっても崩壊しない」という可能性は「消失」したと考えます（図４－13）。

しかし、この現象には別の解釈も可能です。１９５７年に物理学者ヒュー・エヴェレット（１９３０～１９８２）が提唱した「多世界解釈」では、消失した可能性が実現している別の世界（パラレルワールド）が存在すると考えます。つまり「1日たって原子核が崩壊した世界」と「1日たっても崩壊しなかった世界」が分岐して共存しているということです（図4－14）。

多世界解釈では確率的にありうる多くの世界が実在し、そのうちのどれか一つが実際に経験する現実だと考えます。枝分かれしてしまった二つの世界は断絶され、一方の世界から、他方の世界の存在を確認する術はありません。そのためこの解釈が正しいかどうかは、実験的には検証できないと考えられています。

しかしこのような多世界解釈にもとづくと、過去へのタイムトラベルにともなう矛盾を、理論的に解消できる可能性が見えてきます。１９９１年、イギリスの物理学者デイヴィッド・ドイッチュは、この可能性を具体的に指摘しました。たとえばタイムトラベラーが過去へもどって歴史を変えた場合、タイムトラベラーは元の未来とは別の歴史の世界に移ると考えることができます。すなわち過去の歴史を変えたとしても、元の未来は依然として存在するため、矛盾は生じません（図4－15）。

また、たとえば映画の主人公が、悪に支配された世界を変えるために過去へも

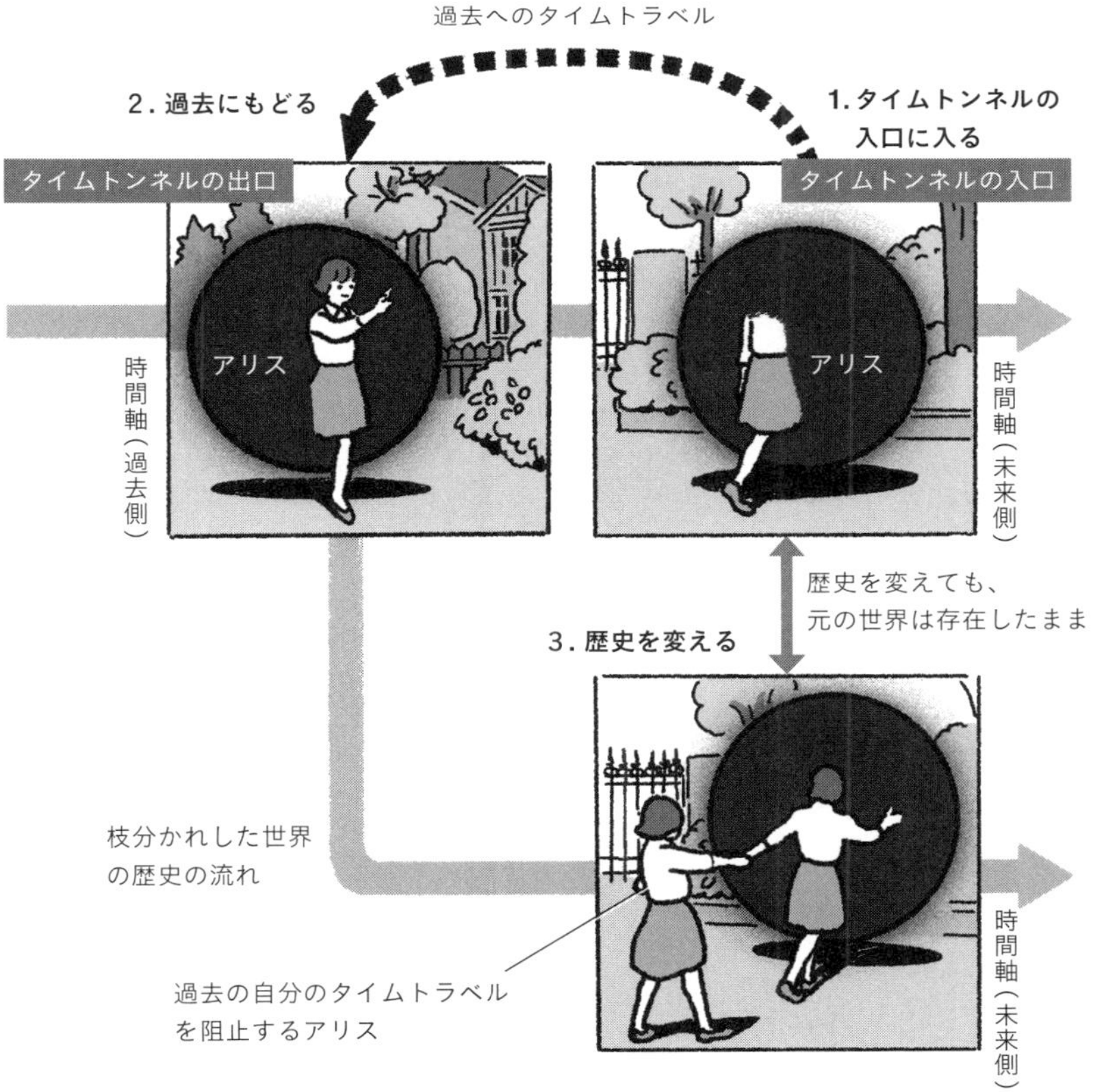

図4-15.　歴史を変えても、元の世界は依然として存在する

どって悪の根源を断つことに成功したとしても、救われるのは新たな並行世界だけで、元の世界は変わりません。主人公が悪の根元を絶った世界は元の世界とは別の世界として分岐するため、主人公の活躍で、タイムトラベル前の元の世界の歴史が変わることはないのです。

「ワームホール」で過去へ旅行ができる

これまで過去へのタイムトラベルの実現可能性について検討してきましたが、さまざまな問題が存在するため、原理的に可能かどうかはまだ結論が出ていません。しかし、仮に過去へのタイムトラベルが原理的に可能だとすれば、どのような方法で実現できるのでしょうか。

その一つの方法として、この章の冒頭で触れたワームホールの利用が考えられます。１９８８年、アメリカのカリフォルニア工科大学名誉教授キップ・ソーンが、科学雑誌『Physical Review Letters』にワームホールを使ったタイムトラベルの可能性に関する論文を発表しました。

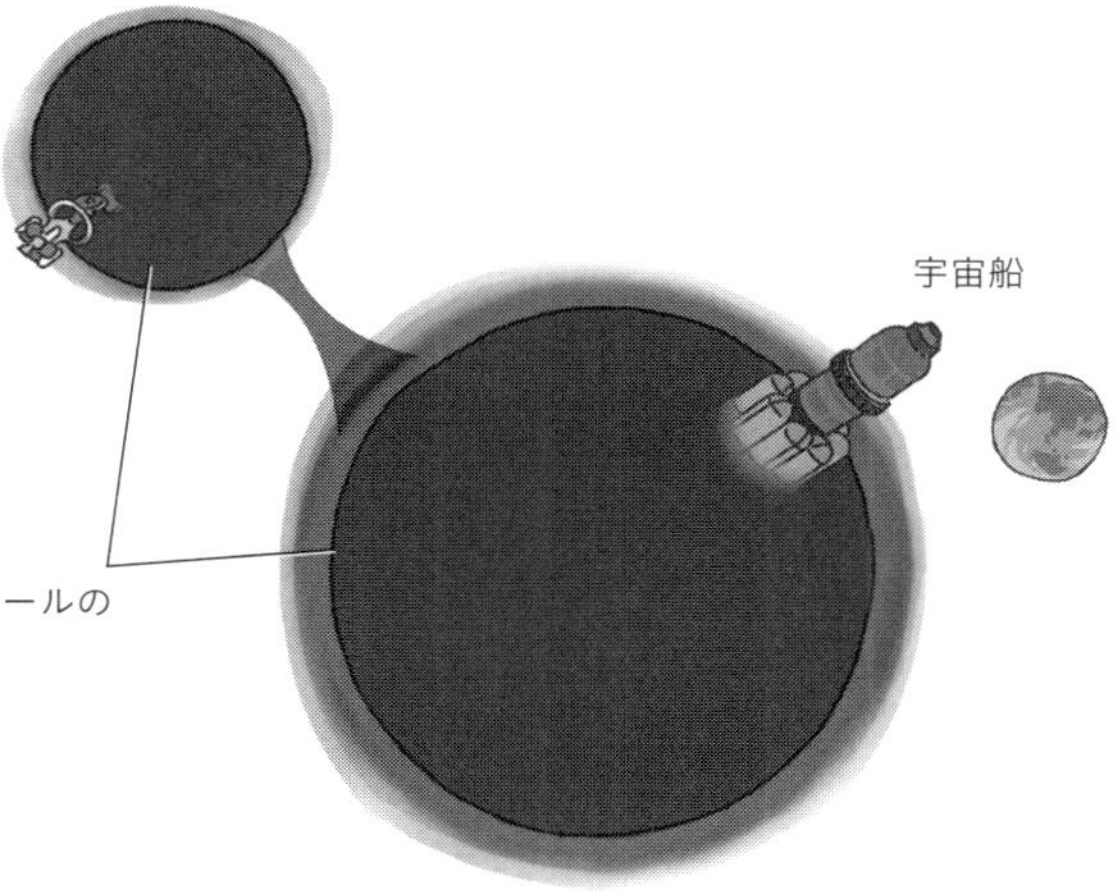

図4-16.　ワームホール（時空のトンネル）

　ワームホールは「時空のトンネル」ともよばれ、はなれた場所に存在する空間に浮かぶ二つの球状の穴のことです。これは『ドラえもん』に登場する「どこでもドア」に似たしくみだと考えるとわかりやすいでしょう。宇宙船がワームホールの入り口である「マウス（mouth）」の一方に入ると、次の瞬間にはもう一方の穴から出てくることができます。つまり、二つの穴は空間を飛びこえてつながっているのです（図4－16）。

　図4－17で、地球と恒星ベガのそばにワームホールのマウスがあるようすをえがきました。普通に宇宙空

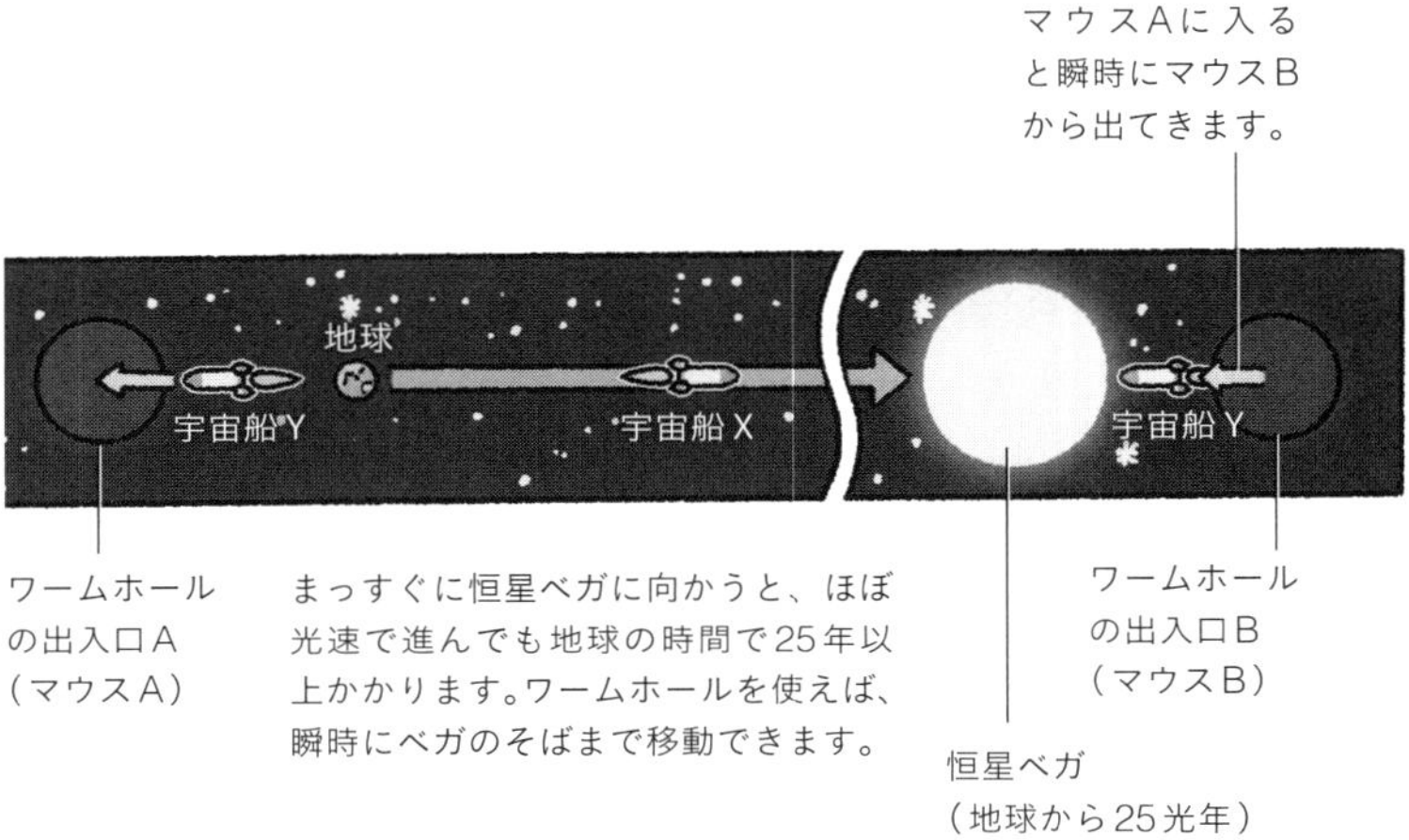

図4-17.　通常の３次元空間で見たワームホールのイメージ

間を進む宇宙船Xよりも、ワームホールを使った宇宙船Yのほうが早くベガに到達できます。

　ワームホールは「空間の曲がり」によって生みだされる存在です。実際には空間の曲がりを見ることはできませんが、空間の曲がりを視覚化してえがいたイメージが図４－18です。マウスAをのぞいてみると、そこにはマウスBの周囲の様子が見えることになります。

　ワームホールの存在を理論的に予言したのは、実はソーンが最初ではありません。１９３５年に、アインシュタインとその共同研究者である

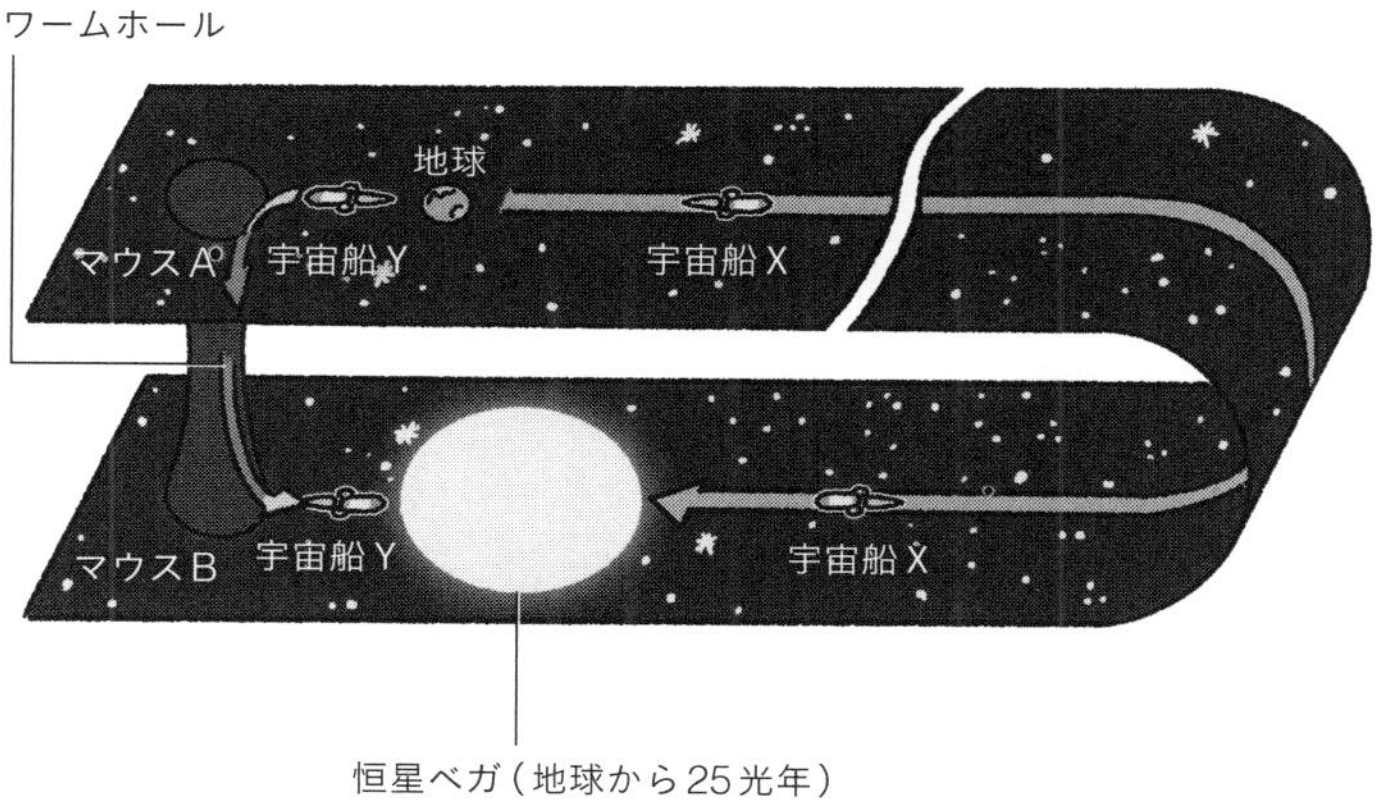

図4-18.　空間の曲がりを視覚化したイメージ

ネイサン・ローゼン（1909〜1995）が、一般相対性理論をもとにその可能性を論じています。当初、彼らはこれを時空の2点を結ぶ「ブリッジ（橋）」とよびましたが、のちに「ワームホール（虫食い穴）」というよび方が一般的になりました。

つぶれないワームホールはつくれるのか

ワームホールは現在まで発見されていませんが、ソーンはタイムトラベルに使えるワームホールをつくりだす方法も考えています。その方法とは、ミクロの世界からワームホールを調達するというものです。

量子論と一般相対性理論を組みあわせて考えると、ミクロな世界では極めて小さなワームホールが、ごく短時間で生まれてはつぶれて消えるということをくりかえしています。その大きさは、1ミリメートルの1億分の1の、さらにその1億分の1の、そのまた1億分の1の、さらにその1億分の1（10^{-35}）という、想像を絶する小さなものです。

このように極めて小さく、生まれてはすぐに消えるワームホールは、そのままでは当然利用することができません。しかしソーンは「エキゾチック物質」というものをワームホールに注入することで、つぶれるのを防ぐことができるのではないかと考えました。

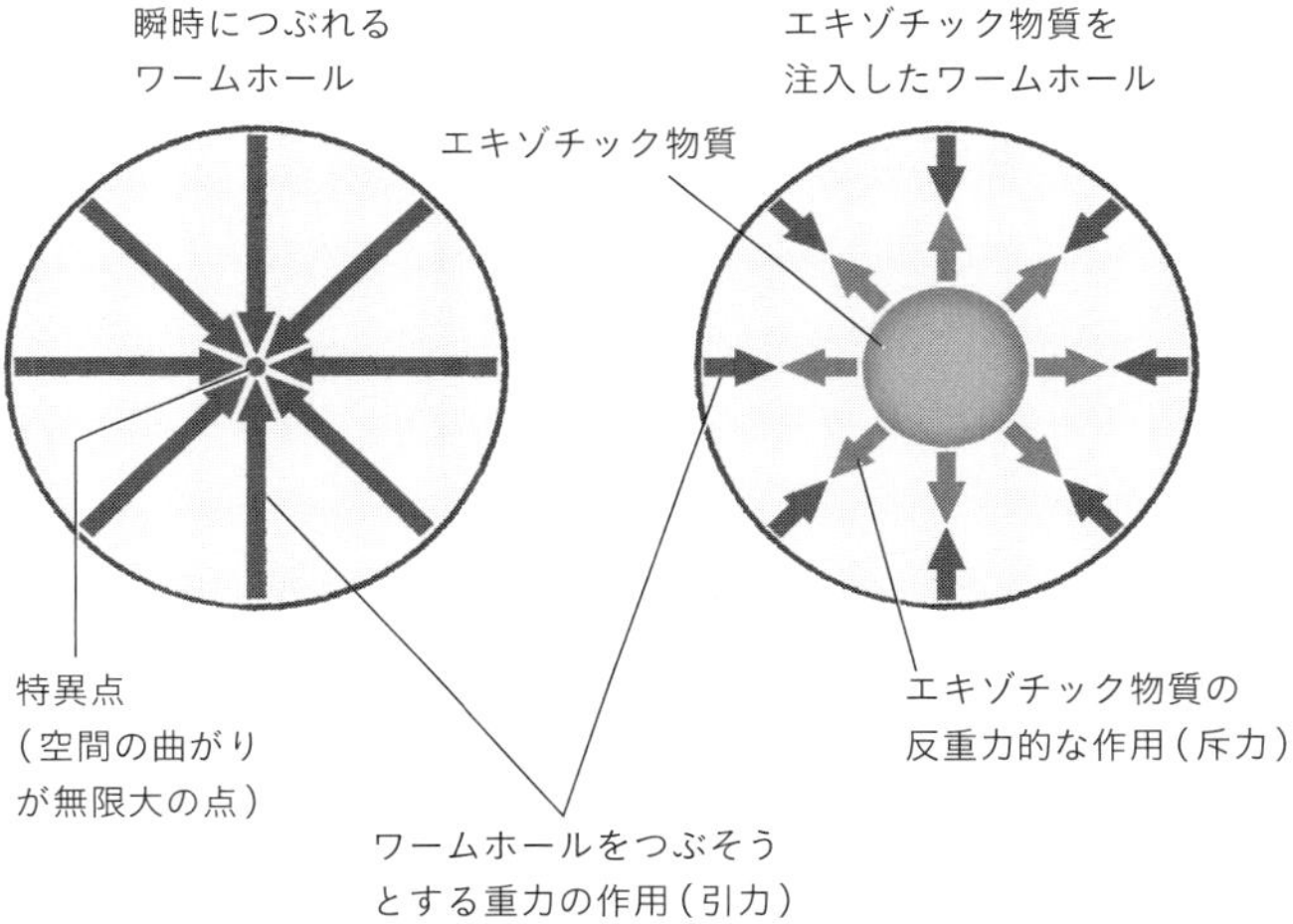

図4-19. 「エキゾチック物質」でワームホールの崩壊を阻止

エキゾチック物質がないと、ワームホールは瞬時につぶれてしまうことがわかっている（左）。ワームホールがつぶれるのを阻止するには、反重力的な作用をもつエキゾチック物質をワームホールに注入する必要がある（右）。

エキゾチック物質とは、負のエネルギーをもち、空間を押し広げる作用（斥力作用）をもつ特異な物質です。この反重力的な性質のエキゾチック物質をワームホールに注入することで、ワームホールを崩壊させせようとする重力の作用と釣りあい、ワームホールがつぶれるのを阻止できると考えられています（図4－19）。

ただし、このエキゾチック物質も、実際に存在するのかどうかはまだ確認されていません。仮に存在したとしても、ワームホールを安定的に維持するために必要な量のエキゾチック物質を人工的につくりだせるかどうかも不明です。しかし、もしどちらも存在していたならば、ミクロなワームホールを何らかの方法で人間が通過できるサイズまで大きくし、エキゾチック物質によってつぶれないように維持できれば、物体の通過が可能になるかもしれません。これがソーン博士が出した結論です。

ワームホールをタイムマシンにする方法

ワームホールをタイムマシンとして機能させる具体的な方法を紹介しましょう。鍵となるのは「ワームホールの一方のマウスを超高速で動かすこと」です。まず、ワームホールの二つの出入口（マウスAとマウスB）が地球の近くにあるとします。マウスAはその場にとどめておいたまま、マウスBを何らかの方法で光速に近い速度で移動させます。その後、マウスBをふたたび地球の近くにもどすことで、ワームホール・タイムマシンが完成します。

なぜこの方法でタイムマシンが実現できるのでしょうか。特殊相対性理論によれば、光速に近い速度で移動する物体では時間の流れが遅くなります。そのためマウスBを超高速で移動させると、地球やマウスAでは100年が経過しているのに、マウスBでは3年しか経過していないという状況をつくることができます。マウスAとマウスBはワームホールでつながっているため、ワームホールの中から見ると、両者の時間差はありません。しかし、ワームホールの外から見ると、マウスAとマウスBの間には97年もの時間差が生じているのです。

図4－20で、具体的に説明しましょう。2100年にマウスBが高速で移動しはじめ、100年後の2200年にマウスBを地球に帰還させたとします。先ほど説明したしくみにより、マウスBでは3年しか経過していないため、マウスBの時間は2103年となっています。

ここで、2200年の地球から出発した宇宙船がマウスBに入ると、2103年のマウスBとつながっている2103年のマウスAから出てくることになります。これにより、97年前の過去へのタイムトラベルが実現するのです。

また、別の方法として、ブラックホールを利用してワームホールをタイムマシ

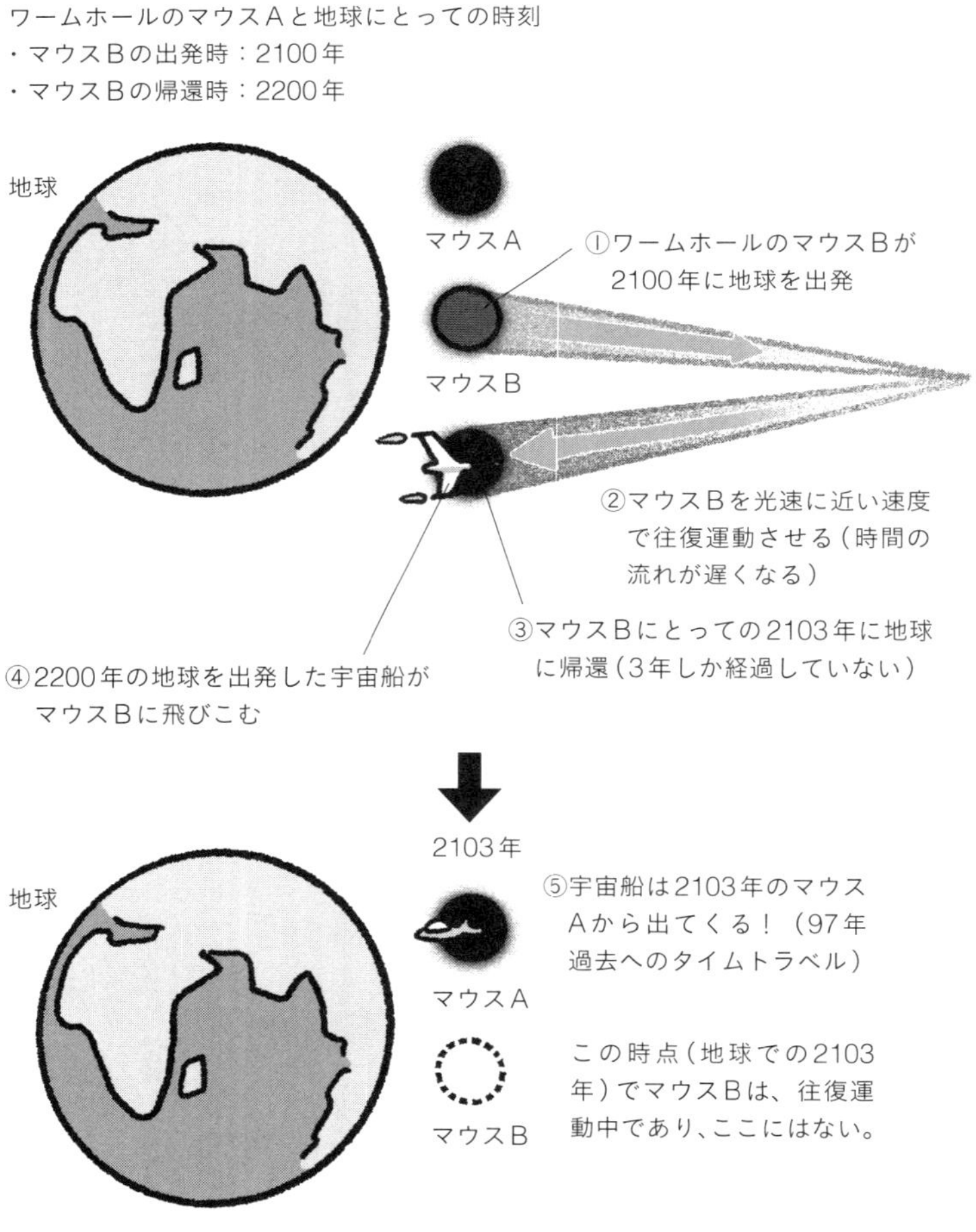

図4-20.　ワームホールを使ったタイムトラベルの方法

ンにする方法も考えられます。マウスBのみをブラックホールの近くにもっていき、しばらく滞在させてからに地球にもどすのです。ブラックホール周辺では時間の流れが遅くなるため、先ほどと同じく、地球近くのマウスAでは100年が経過している一方で、マウスBでは3年しか経過していないという状況をつくることができます（図4－21）。

もっとも、ワームホールのマウスを実際に動かすことができるのか、疑問に思う人も少なくないでしょう。ソーンらは1988年の論文で、重力や電気的な力を利用して、ワームホールの出入口を移動させる可能性を指摘しています。しかし、仮にそれが可能だとしても、現代の科学技術をはるかに超える技術が必要になるでしょう。なお、ワームホール・タイムマシンが完成した時点よりも過去には移動できません。つまり、先ほどの例では2103年より前の過去には行くことができないのです。

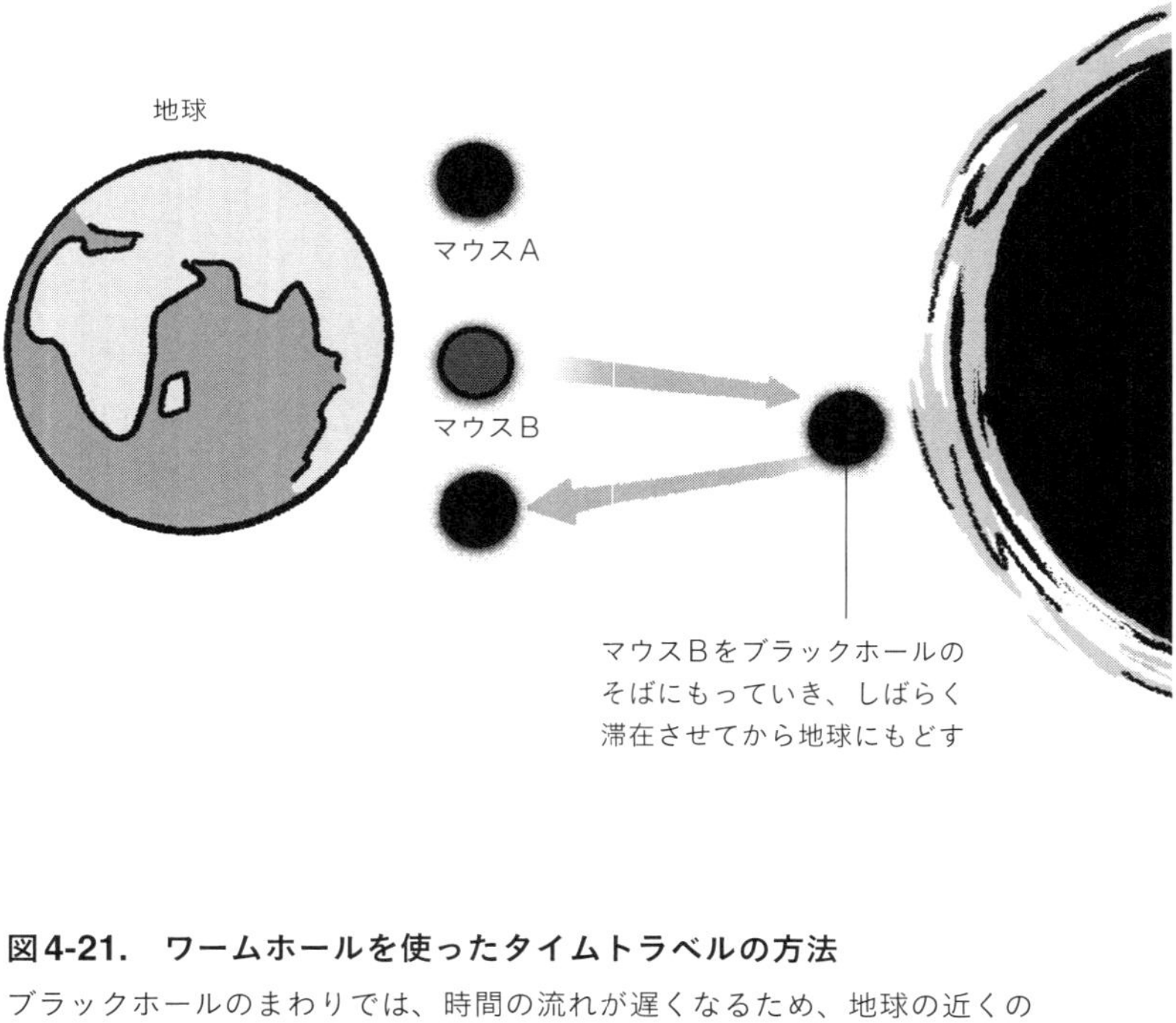

図4-21.　ワームホールを使ったタイムトラベルの方法

ブラックホールのまわりでは、時間の流れが遅くなるため、地球の近くのマウスAでは100年が経過しているのに、マウスBでは3年しか経過していないという状況がつくりだせる。

ワームホールは探しだせるのか

この宇宙にワームホールが存在しているという確実な根拠は今のところありません。しかし、その存在が完全に否定されているわけでもなく、ワームホールを探す方法もいくつか提案されています。近年特に注目されているのが、「重力レンズ効果」を使ったワームホールの観測方法です。

一般相対性理論によれば、天体のような質量をもつ物体の近くでは、その重力によって光の進行方向さえも曲げられます。遠くの天体と地球の間に大きな重力源があると、その天体の像はゆがんで見えたり、分裂して見えたりすることがあります。この現象が重力レンズ効果です（図4－22）。

実は、ワームホールも重力レンズ効果を発揮すると考えられています。しかも、ある種のワームホールの周辺における光の曲がり方は、恒星やブラックホール、惑星を含む暗い天体といった通常のレンズ天体とはことなるようなのです。

具体的な観測方法としては、重力レンズ効果によって生じる見かけ上の星の位

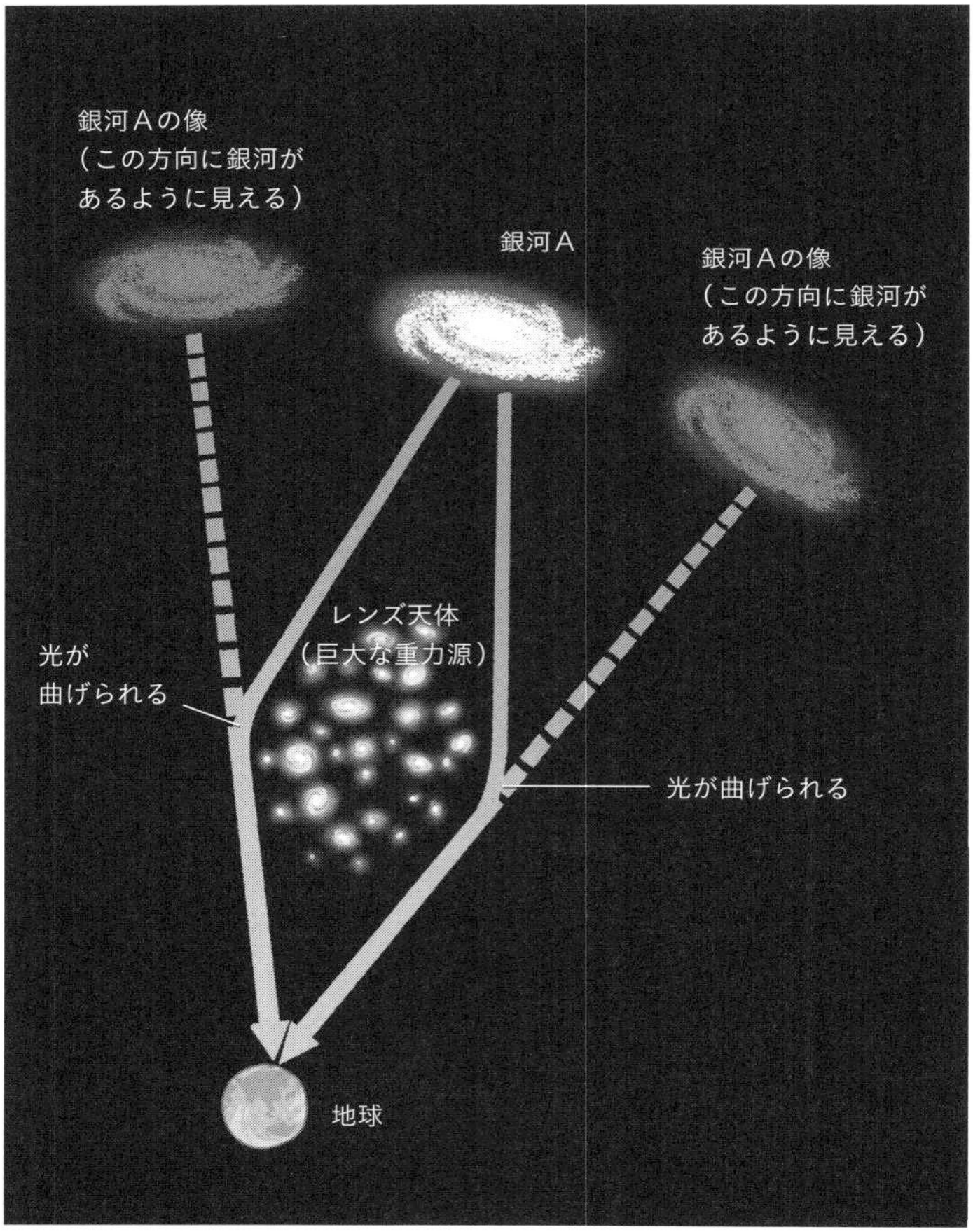

図4-22.　重力レンズ効果

巨大な重力源によって光の進路は曲げられる。

置のずれや像のゆがみを利用する方法があります。また、ワームホールのごく近くを通過する光が、ワームホールのまわりを回転することで形成される「多重リング」を直接撮像する方法でも、ワームホールが存在する証拠が見つかるかもしれません。

「タキオン」が過去への通信を可能にする？

タイムトラベルとは少しことなりますが、過去への通信の可能性について考えてみましょう。アインシュタインの特殊相対性理論によると、光速に近づくほど時間が遅くなるはずでしたね。しかし、物体を実際に光速まで加速することは不可能です。なぜなら、特殊相対性理論によれば、物体は光速に近づくほど質量が増大し、加速が困難になっていきます。そのため、どれほど加速しても光速を超えることはできません。光速は自然界における速度の上限なのです。つまり、どれほど高速な物体であっても、光を追いこすことは不可能なのです。

ところが、ここに興味深い抜け道があります。最初から超高速で移動する物体なら、相対性理論と矛盾しないのです。相対性理論が禁じているのは、光速未満で移動している物体が加速して光速を超えることだけですので、最初から光速を超えて移動する物体なら、存在していてもよいということになります。このような超光速で移動する仮説上の粒子が「タキオン」です。

タキオンは理論的には予言されているものの、その存在は未だ実証されていません。しかし、この超光速のタキオンを使えば、過去への通信が原理的に可能になるかもしれません。具体的に、超光速のタキオンを使って、過去と通信するケースを考えてみましょう。

光速の80％という猛烈な速度で地球から宇宙船が出発したとします。特殊相対性理論によれば、地球から見た宇宙船内の時間は、地球時間の60％の速さでしか進みません（図4－23）。そのため、地球で50年が経過した時点でも、宇宙船内ではまだ30年しか経過していないことになります。

ここで、地球出発から50年後に、地球から宇宙船に向けてタキオンを発射します。話を単純化するため、このタキオンは無限大の速度で移動し、瞬時に目的地に到達できると仮定します。すると、宇宙船は出発から30年目の時点でこのタキオンを受けとることになります（図4－24）。

次に、宇宙船から見た状況を考えてみましょう。宇宙船から見ると、今度は地球が光速の80％で遠ざかっています。そのため、宇宙船が30年目にタキオンを受けとった時点では、地球ではまだ18年しか経過していないように見えます。ここで宇宙船からタキオンを地球に送りかえすと、それは地球時間の18年目に到達することになるのです（図4－25）。すなわち出発から50年目に地球から送ったタキオンが、18年目の地球にもどってくるのです。これをうまく利用すれば通信だってできるでしょう。

また、タキオンを過去に送ることができるなら、タキオンを材料に超光速の宇宙船をつくって、過去へのタイムトラベルもできそうです。しかし、たとえそのような宇宙船ができたとしても、人間がそれに乗りこむことはできないでしょう。私たち人間は光速以上で移動できない粒子でつくられているため、光速を超えて移動するタキオンと一緒に超光速で移動することは、原理的に不可能だからです。

そもそも超光速現象については不明な点が多く、タキオンを使って本当に過去

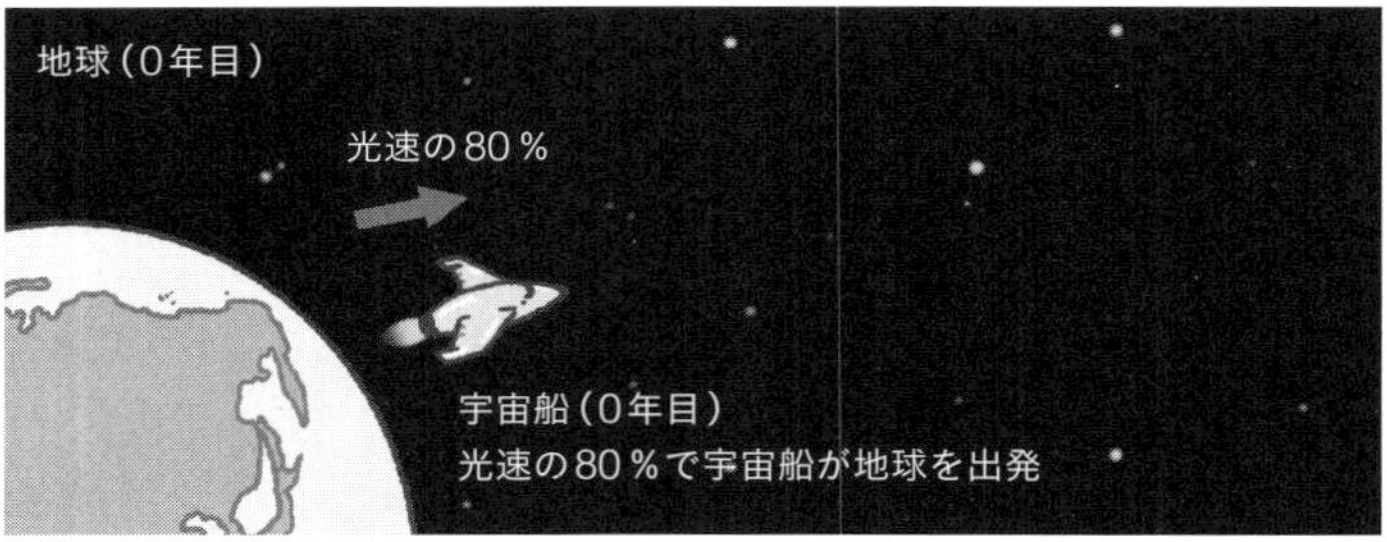

図4-23.　光速の**80**％で進む宇宙船が地球から出発。地球から見て宇宙船の中での時間は**60**％遅くなる

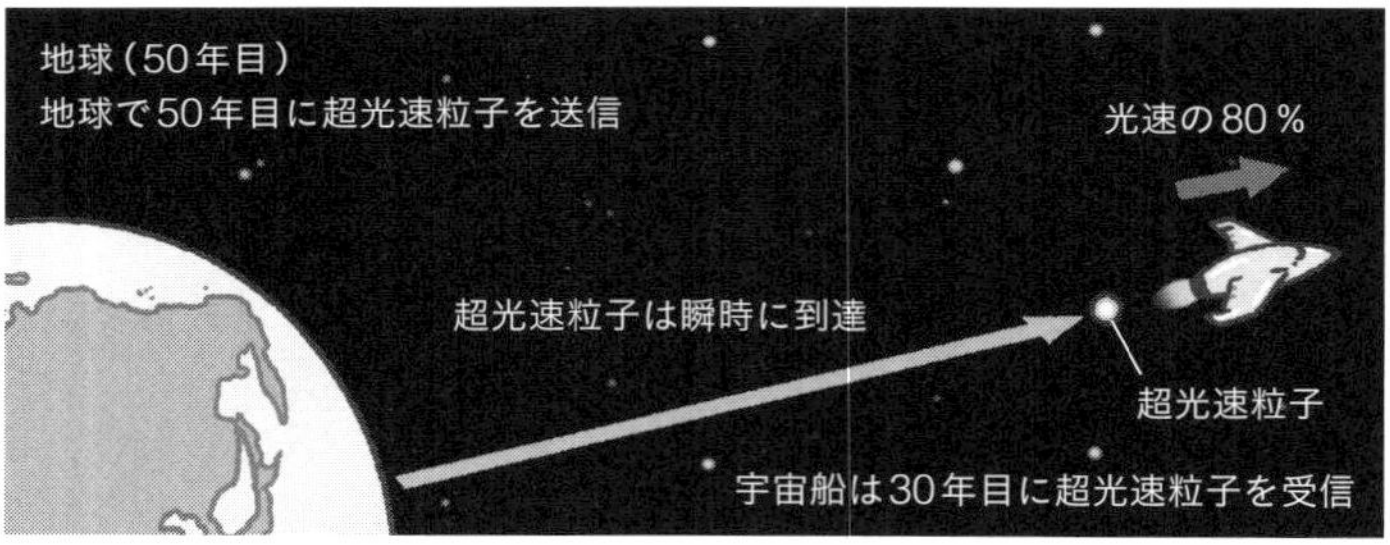

図4-24.　宇宙船は**30**年目に超光速粒子を受信

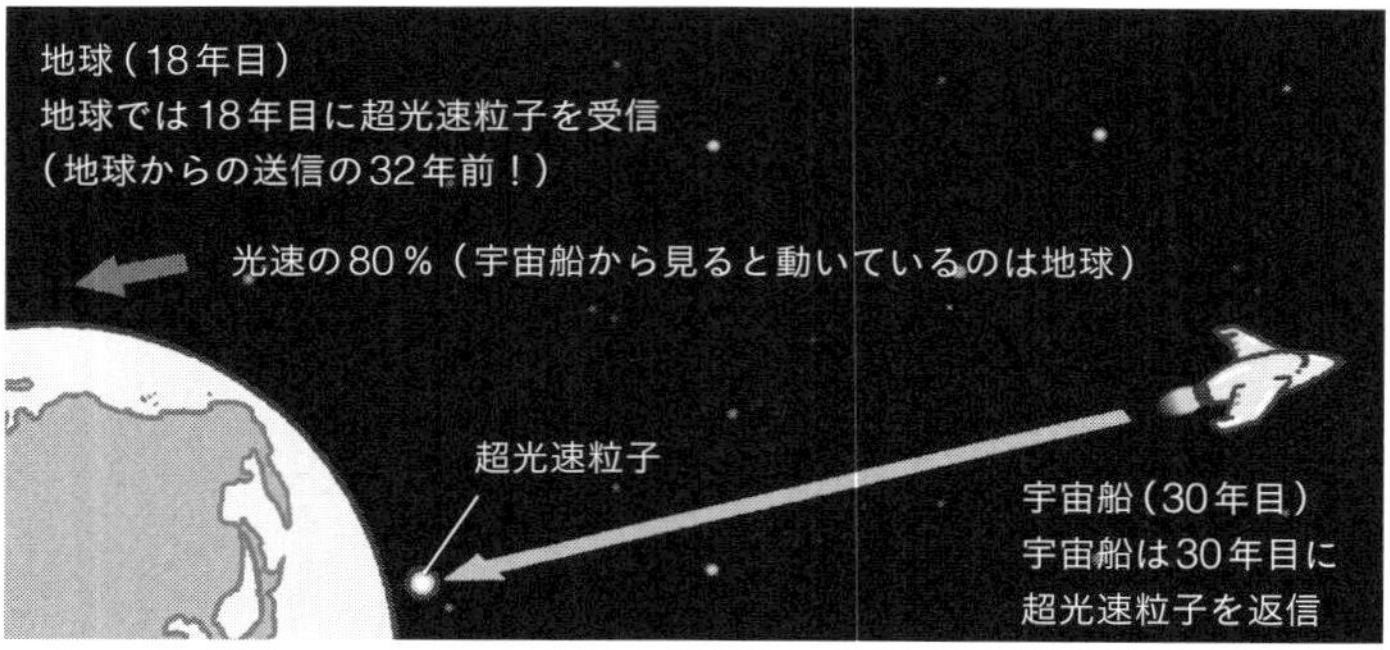

図4-25.　地球から宇宙船に向けて**50**年目に送った超光速粒子が**18**年目の過去にもどってくる

への通信が可能になるかどうかもわかっていません。過去への通信もまた、因果律の崩壊を招く可能性があるためです。

また、これまでにさまざまなタキオン探査実験が行われてきましたが、未だにタキオンは検出されていません。タキオンの存在が完全に否定されているわけではありませんが、多くの研究者はタキオンは実在しないのではないかと考えています。

タイムトラベルに利用できる「時空のゆがみ」

第４章の最後に、「宇宙ひも」という物体を利用した、時空のゆがみによる過去へのタイムトラベルについて紹介しましょう。この宇宙ひもによるタイムトラベルの理論は、１９９１年にリチャード・ゴットによって発表されました。宇宙ひもとは、幅が原子核よりも小さいひも状の物体で、その質量は１センチメートルあたり10^{16}トンに達します。これは無限の長さをもつか、閉じたループとなっていて、亜高速（光速に近い速度）で宇宙をただよっていると考えられています。

宇宙ひもは通常の原子でできた物体ではなく、不思議な性質をもつエネルギーのかたまりです。その強い重力によって周囲の時空をゆがませる性質があり、この時空のゆがみが過去へのタイムトラベルの扉を開く可能性があるのです。

図4－26のように、2本の宇宙ひもAとBが亜光速ですれちがうように運動している状況を考えてみましょう。このような中で、光速に近い猛烈なスピードで航行する宇宙船が地球を正午に出発し、惑星Xに向かうとします。

通常なら、惑星Xまでの最短距離は直線となるはずです。しかし、宇宙ひもの周囲では時空が切りとられるため、宇宙ひもAの近くを通って惑星Xに向かうルートのほうが、距離が短くなるという状況がありえるのです。これにより、見かけ上は光速をこえて、光よりも先に惑星Xに到達できます。

タキオンの例で見たように、このような超光速移動は過去へのタイムトラベルの可能性をひらきます。宇宙船が惑星Xに正午に到着し、さらに宇宙ひもBの近くを通って亜光速で地球にもどると、出発時刻と同じ正午にもどるということが可能になります。つまり、まさに出発しようとしている過去の自分に出会えるかもしれないのです。

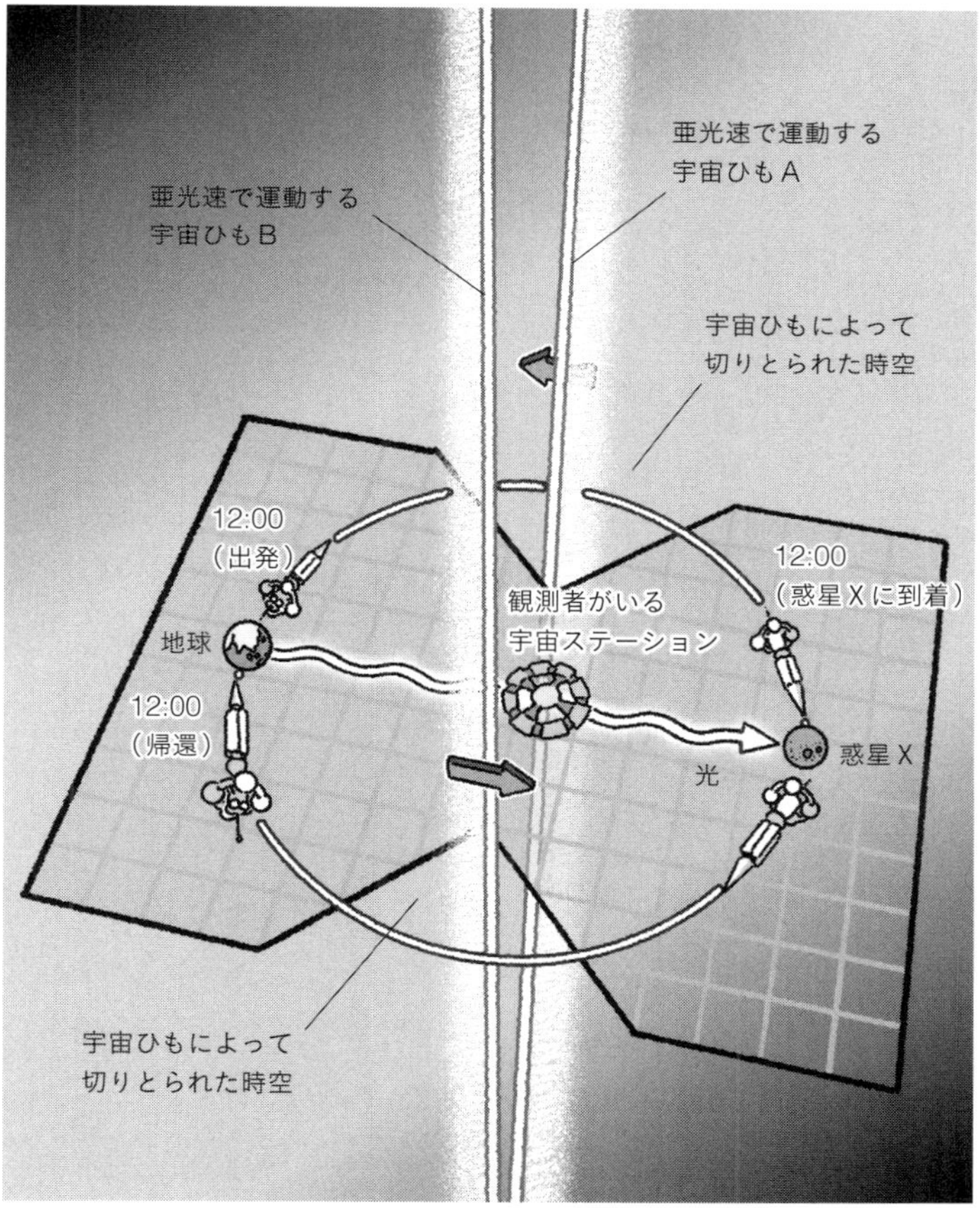

図4-26.　亜光速で飛ぶ宇宙船は、光よりも先に惑星Xに到達する

しかし宇宙ひももまた、その存在は予言されているだけで、私たちが住む宇宙に実在するかどうかはわかっていません。最近では、否定的な見方も多いです。また、仮に宇宙ひもが存在したとしても、亜光速で移動する宇宙ひもをつかまえて、思い通りに運動を制御することは、未来の超文明をもってしてもむずかしいでしょう。したがって、残念ながら当面の間、過去へのタイムトラベルは実現しそうにありません。

第5章

「暦と時計」の科学

地球の1年は「365日」ではない

本書の最後となる第5章では、私たちにとって〝もっとも身近な時間〟といえる「暦と時計」について説明します。どちらも、私たちにの生活になくてはならない存在ですね。まずは、どのようにして正確な暦（カレンダー）はつくられるのか、ということについてお話しします。

カレンダーをつくるために重要なことは、正確な1年の長さと1日の長さです。しかし、これらは私たちが考えているほど単純ではありません。1年や1日の長さはだれでも知っている常識のように思えますが、実は1年の長さは毎年変わり、1日の長さも毎日ことなるのです。古くから人類は、正確な暦をつくるためにさまざまな工夫を重ねてきました。暦には天文学や数学、物理学といったさまざまな科学が秘められています。

現在私たちが使っている暦は、1582年にローマで制定された「グレゴリオ暦」です。当時のローマ教皇グレゴリウス13世が制定したため、このようによばれています。それまではローマ帝国の皇帝シーザー（紀元前100年頃〜紀元前44年）が紀元前45年に制定した「ユリウス暦」が使われていました。しかし、グレゴリウス13世の時代に、キリスト教の重要な祭事である復活祭の日にちを決める上で、大きな問題が生じていたのです。

復活祭は春分の後の満月直後の日曜日と決められており、春分は3月21日とされていました。ところが当時、ユリウス暦と実際の季節との間に10日ほどのずれが生じていました。春分は本来、昼と夜の時間が同じになる日のことですが、それがずれているため、復活祭の日にちを決めることがむずかしくなっていたのです。

この問題を解決するため、グレゴリウス13世は大胆にも1582年の10月4日の次の日を10月15日とし、10日間を飛ばすことでこのずれを解消しました。しかし、これは一時的な解決に過ぎませんでした。そのままユリウス暦を使いつづければ、数百年後にはまた同じことがおきるという問題は残されたままだったのです。

このような問題がおきる根本的な原因は、1年の長さが1日の長さの整数倍ではないことにあります。1年の長さはちょうど365日ではなく、365日よりも約4分の1日だけ長いのです。

1日とは、地球が自転によってちょうど1回転する時間です。一方、1年は地球が太陽のまわりを公転し、もとの場所にもどってくるまでの時間です。そして、地球が365回自転する時間（24時間×365日）では、地球が太陽を1周して元の位置にもどってくるにはほんの少し足りません。そこからさらに約4分の1だけ自転したとき、ちょうど太陽のまわりを1周して元の場所にもどることになります。地球の公転と自転は関係ありませんので、地球が1回の公転にかかる時間が、ぴったり自転365回分というわけにはいかないのです（図5－1）。

ユリウス暦をつくったシーザーは、1年で4分の1日のずれが生じることを知っていました。そこで、このずれを解消するために、4年に1度、2月28日の次の日に29日を挿入することにしました。これが「うるう年」のはじまりです。しかし、4分の1日という補正はあまり正確ではありませんでした。より正確には、1年は365・2422日です。これは365日と4分の1日よりも11分（約0・0078日）だけ短いことになります（図5－2）。

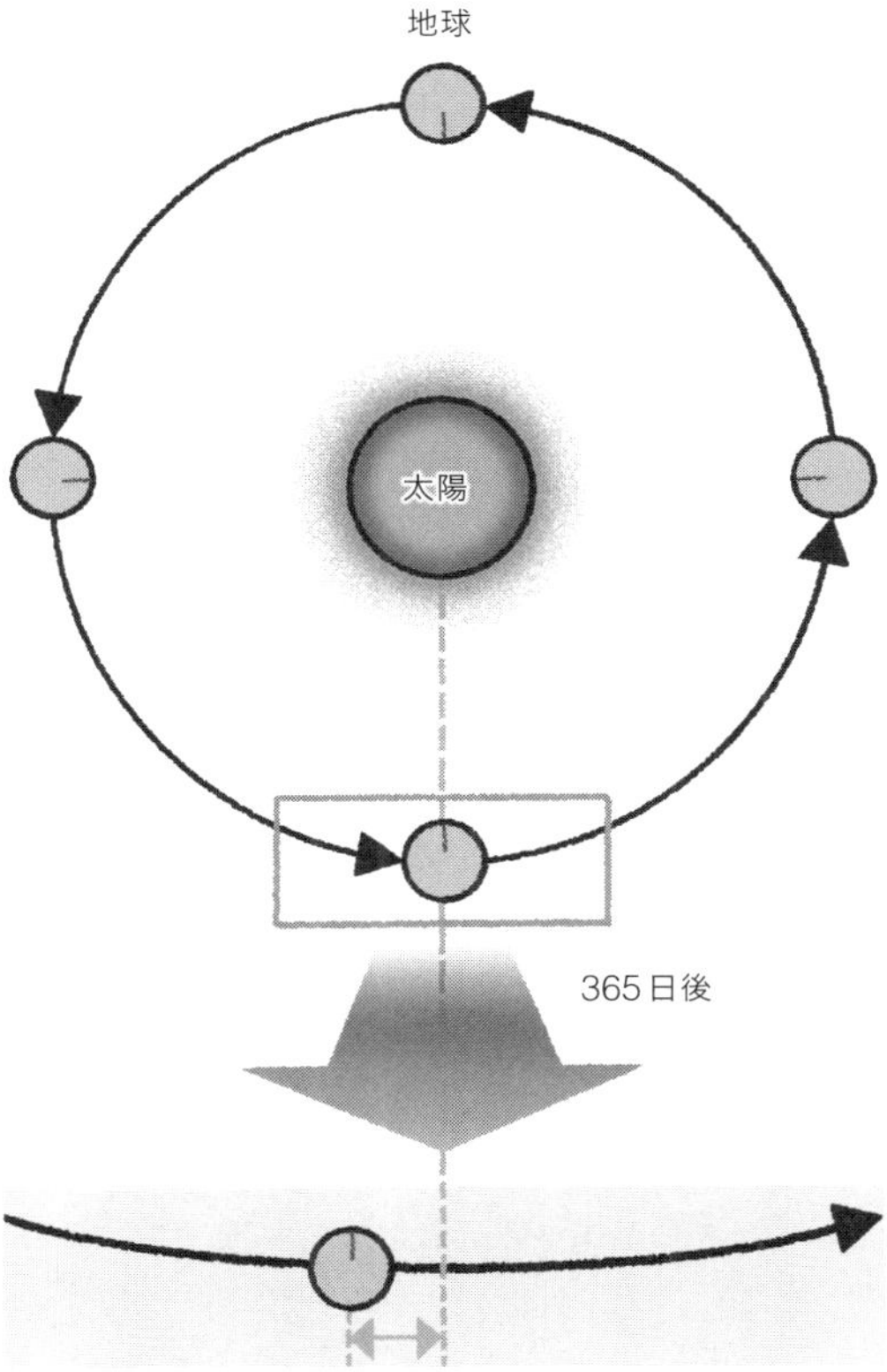

図5-1. 1年の長さは1日の長さの整数倍ではないため、ずれが生じる

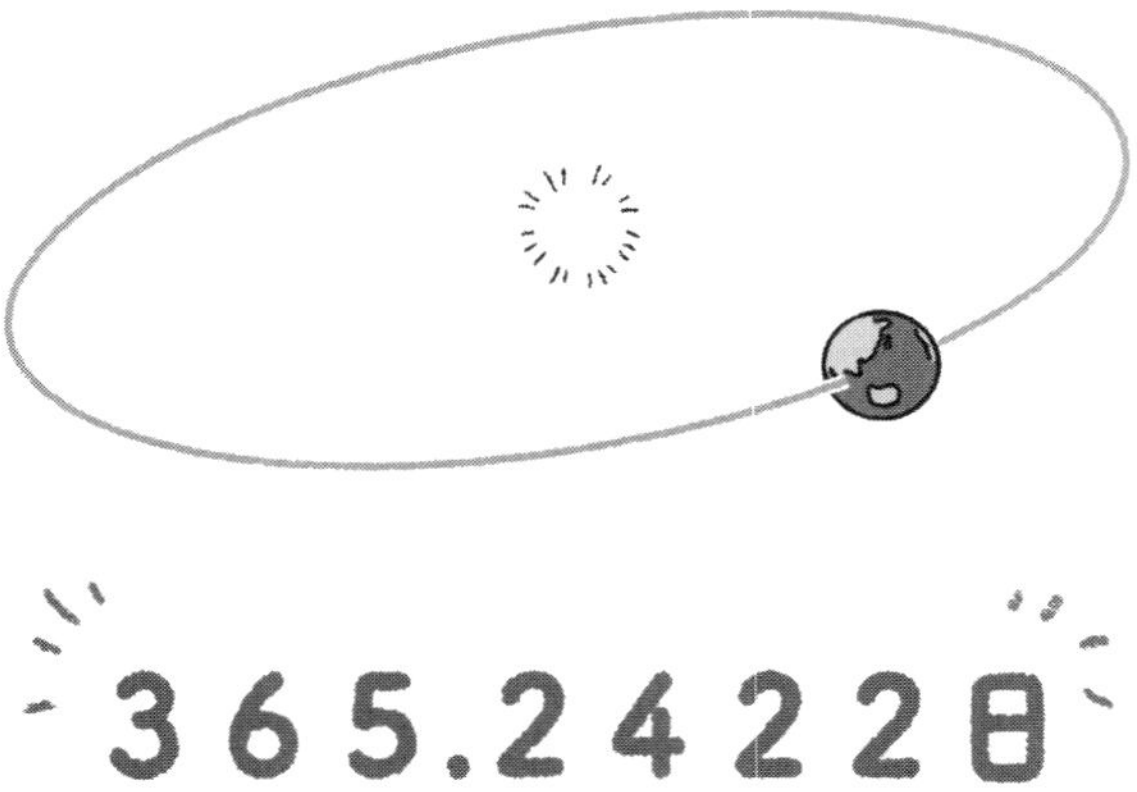

図5-2.　1年の長さは、正確には365.2422日

365日と4分の1日より、11分（約0.0078日）だけ短い。

このずれはシーザーの時代にも知られていましたが、わずかな誤差として無視されていました。ところが、1年あたり11分という小さな誤差も、長い年月がたつと無視できない大きさになります。計算では、100年で約0・8日のずれが生まれます。そして16世紀のグレゴリウス13世の時代には、その誤差が積み重なって10日ものずれになっていたのです。

この問題を根本的に解決するため、グレゴリウス13世は新しいルールを導入しました。ユリウス暦では4年に1度必ずうるう年を設けていましたが、グレゴリオ暦では400年に3回、うるう年を入れることをやめたのです。具体的には「西暦の年数が100で割り切れる年はうるう年としない。ただし、400で割り切れる年は、うるう年とする」というルールです。

たとえば西暦1700年、1800年、1900年は、ユリウス暦ならばうるう年ですが、グレゴリオ暦ではうるう年としません。そして2000年は4でも400でも割りきれるので、うるう年となります。こうすることで、暦の上で計算した1年の長さは365・2425日となります。実際の1年の長さ365・2422日との差は0・0003日、つまり約26秒です。ユリウス暦での差が0・0078日だったことを考えると、誤差は10分の1以下になったことになります。

その結果、グレゴリオ暦では1万年に約3日しかずれない計算となりました。現在、日本をはじめ多くの国で使用されているこの暦の誤差はごくわずかです。ただし、このわずかな誤差を補正する方法は、現在のところ見つかっていません。3000年で約1日ずれる計算ですので、遠い将来には新たな問題となるでしょう。

太陰暦と太陽暦

ユリウス暦やグレゴリオ暦は、太陽の運行をもとにした暦です。このような暦を「太陽暦」といいます。先ほど紹介したように、地球の公転が暦の基準になっているわけです。一方、月の満ち欠けを基準としてつくられた暦を「太陰暦」といいます。月には毎日少しずつ満ち欠けの変化があり、新月、三日月、半月、満月など、見た目の変化が非常にわかりやすいものです。そのため、月を日にちの経過をはかるものさしとして利用したのが太陰暦です。

太陰暦では、新月から次の新月までを1か月と定めます。月の満ち欠けの周期は約29・5日ですので、1か月が30日の大の月と29日の小の月を置きます。そして大の月と小の月を交互に12回くりかえすと354日となり、これがおおよそ1年となります。太陰暦では、月の形を見れば今日が何日かを知ることができますので、これは太陽暦よりすぐれた特徴といえるでしょう(図5−3)。

しかし太陰暦では12か月が354日なので、365日(1年)と11日のずれがあ

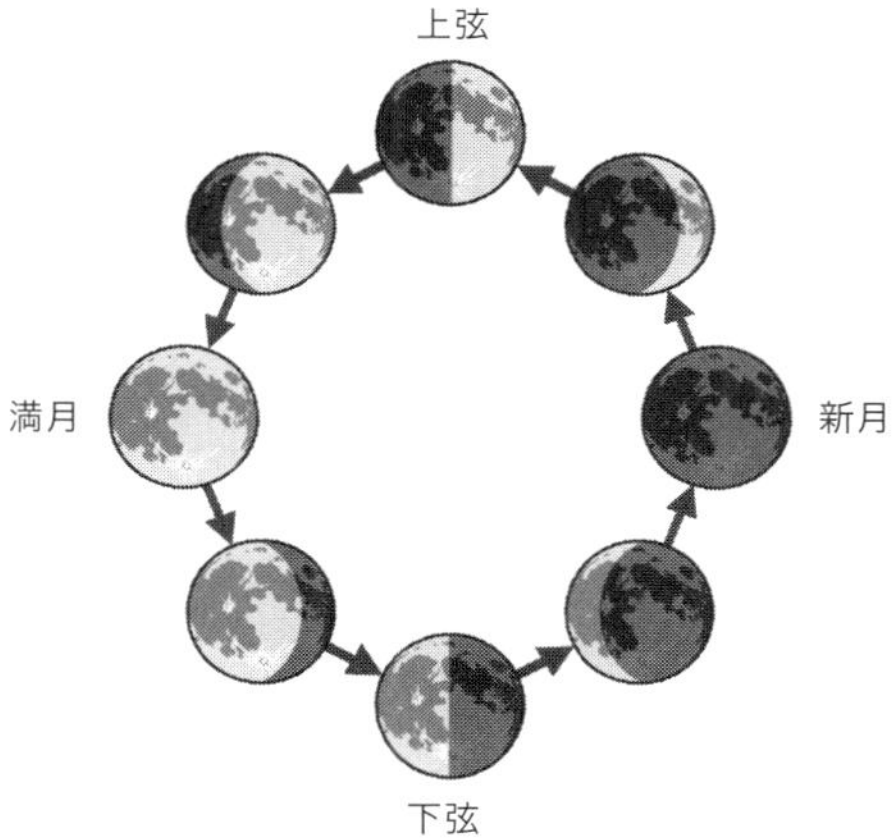

図5-3.　新月から次の新月までを1か月とする太陽暦

月の形を見れば、今日が何日かを知ることができる。

ります。そのままでは、毎年少しずつ季節がずれていってしまいます。そこで暦と季節を合わせるため、数年に1度、1年を13か月とするという調整方法が考えられました。この新しく挿入される月が「うるう月」です。

　暦と季節のずれを計算すると、19年に7回うるう月を入れれば、暦と季節のずれを解消できることがわかりました。このように、太陰暦を季節（太陽の動き）と調和させた暦のことを「太陰太陽暦」といいます。

　ちなみに、日本でもかつては「天保暦」という太陰太陽暦が使用されていました。しかし1873年（明治6年）1月1日に改暦が行われ、太陽暦であるグレゴリオ暦が採用されることになったのです。

少しずつ短くなる「1年の長さ」

ふたたびグレゴリオ暦の話にもどります。先ほどグレゴリオ暦では、1年の長さは365・2422日と変わらないのものだと説明しました。しかし実際には、100年間に0・53秒ほど、地球の公転周期は短くなっているのです。

地球が太陽を1周して決まる1年は「太陽年」とよばれ、春分から次の春分までの時間と定義されています。16世紀の天文学者ヨハネス・ケプラー

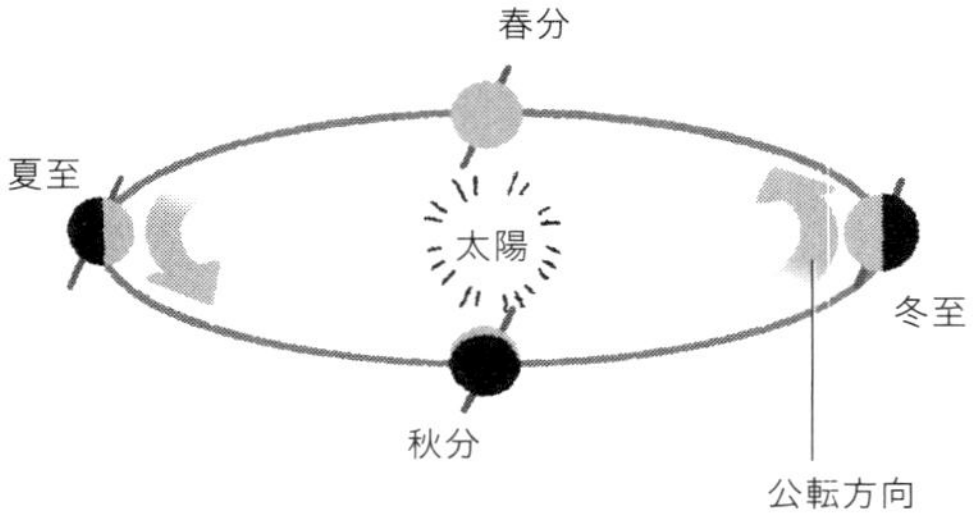

図5-4.　地球だけが公転している場合

地球は太陽のまわりを、だ円軌道を描いて一定の周期でまわっている。

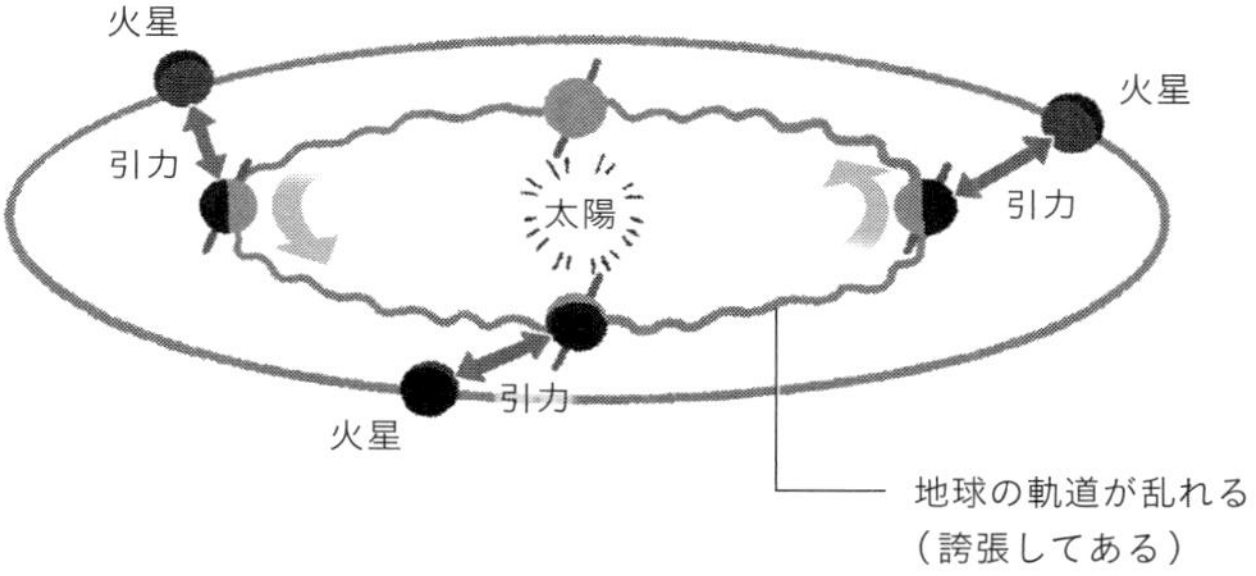

注：ここでは、火星の重力の影響を例にあげた。
地球は、火星以外の惑星の重力の影響も受ける。

図5-5. ほかの惑星の重力の影響を受ける場合

太陽からの平均距離は少しずつ短くなり、1年の長さも徐々に短くなっていく。

（1571～1630）が発見した惑星の運動法則（ケプラーの法則）によれば、地球は太陽のまわりをだ円軌道を描いて一定の周期でまわっているとされます（図5－4）。ですから、本来なら、春分から次の春分までの時間は常に同じになるはずです。

しかし実際にはそうはなりません。その理由は、他の惑星からの重力の影響を受けるためです。これにより地球の軌道が乱れ、ケプラーの法則からわずかにずれてしまいます。地球は少しずつ太陽からの平均距離が短くなっていき、そのために1年の長さが徐々に短くなっていくのです（図5－5）。

日々変化する「1日の長さ」

長さが変わるのは1年だけではありません。実は、1日の長さも毎日変化しています。もともと1日の長さは、北半球の場合、太陽が真南にくる瞬間（南中）から次に太陽が南中するまでの時間が基準となっていました。しかし、1日のはじまりをこの南中時刻からとすると、多くの人が活動する時間帯に日付が変わることになって不便です。そこで、1日のはじまりは「南中時刻の12時間後から」と定められたのです。

しかし、ここで問題が生じます。先ほど、地球の自転1回転は1日だと説明しました。しかし厳密には地球は公転しているため、太陽が南中してから次に南中するまでには、地球が自転して1回転するよりも、ほんの少しだけ余計にまわる必要があります。

そして、地球の公転軌道はわずかに円をえがいています。そのため地球は太陽に近いところでは速い速度で公転し、遠いところでは遅い速度で公転します。

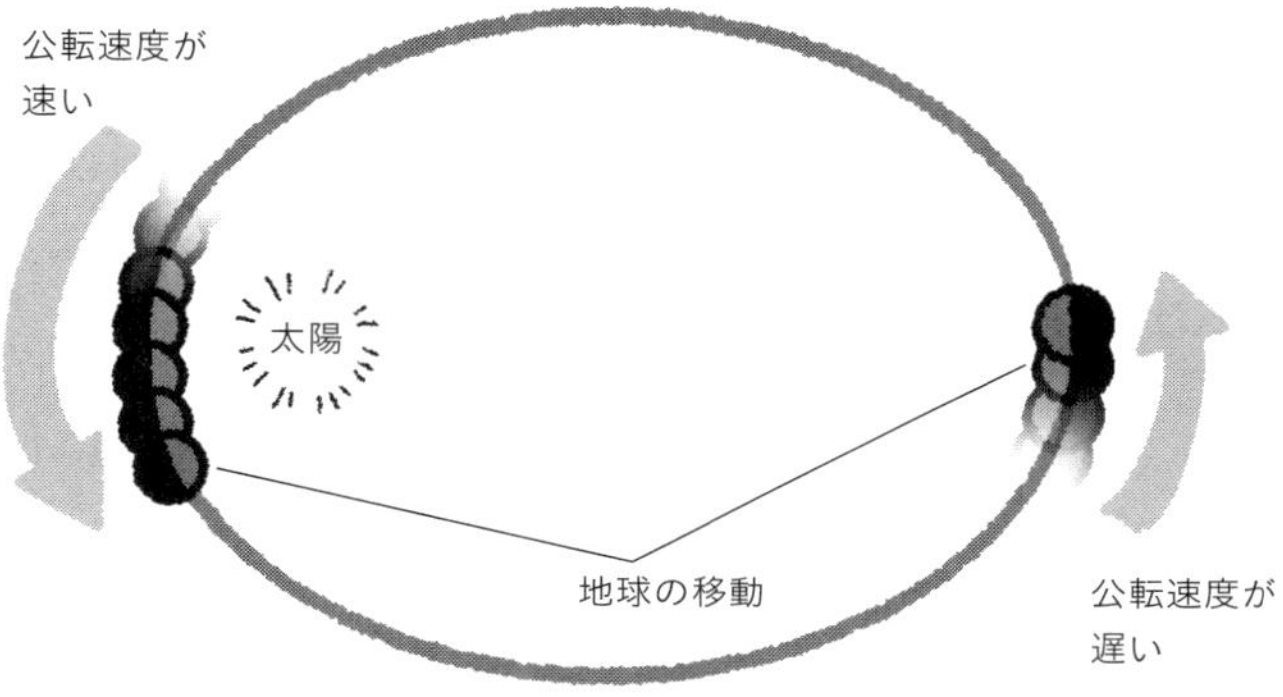

図5-6.　地球が太陽をまわる速度は、そのときどきでことなる

地球の公転軌道はわずかにだ円をえがいているため、太陽に近いところでは速く公転し、遠いところでは遅く公転する。

つまり地球が太陽をまわる速度は、そのときどきでことなるわけです（図5－6）。

そうすると、太陽から近いときの地球は、太陽から遠いときよりも多く自転しないと太陽が南中しません。そのため、1日の長さは常に同じではなく、日によってことなることになるのです（図5－7）。

このような不都合を解消するため、現在は実際の太陽の動きを1年間で平均化し、空を一定の速度で動く〝仮想的な太陽〟を考えて、1日の長さが同じになるようにし

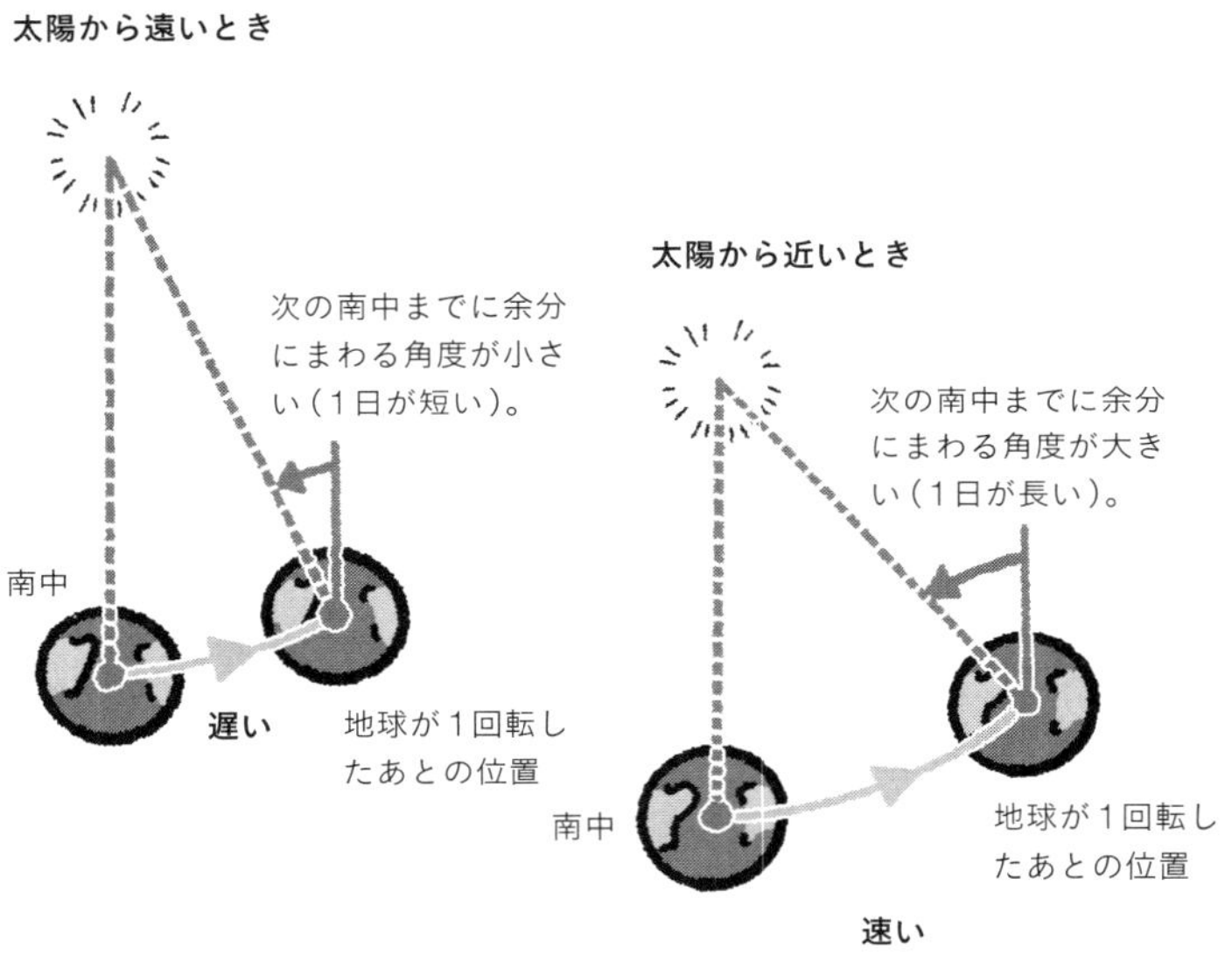

図5-7.　1日の長さが日によってことなる理由

地球が太陽から近いときは、遠いときよりも多く自転しないと太陽が南中しない。

ています。これを「平均太陽日」と呼びます。私たちが使用している1日は、この平均太陽日なのです。

　そのため、季節によって本当の太陽の動きをもとに決める「真太陽時」と、私たちの使う平均太陽時との間にはずれが生じることになります。このずれを「均時差」といいます。例をあげると、太陽が南中する時刻が正午ではなくなる場合があ

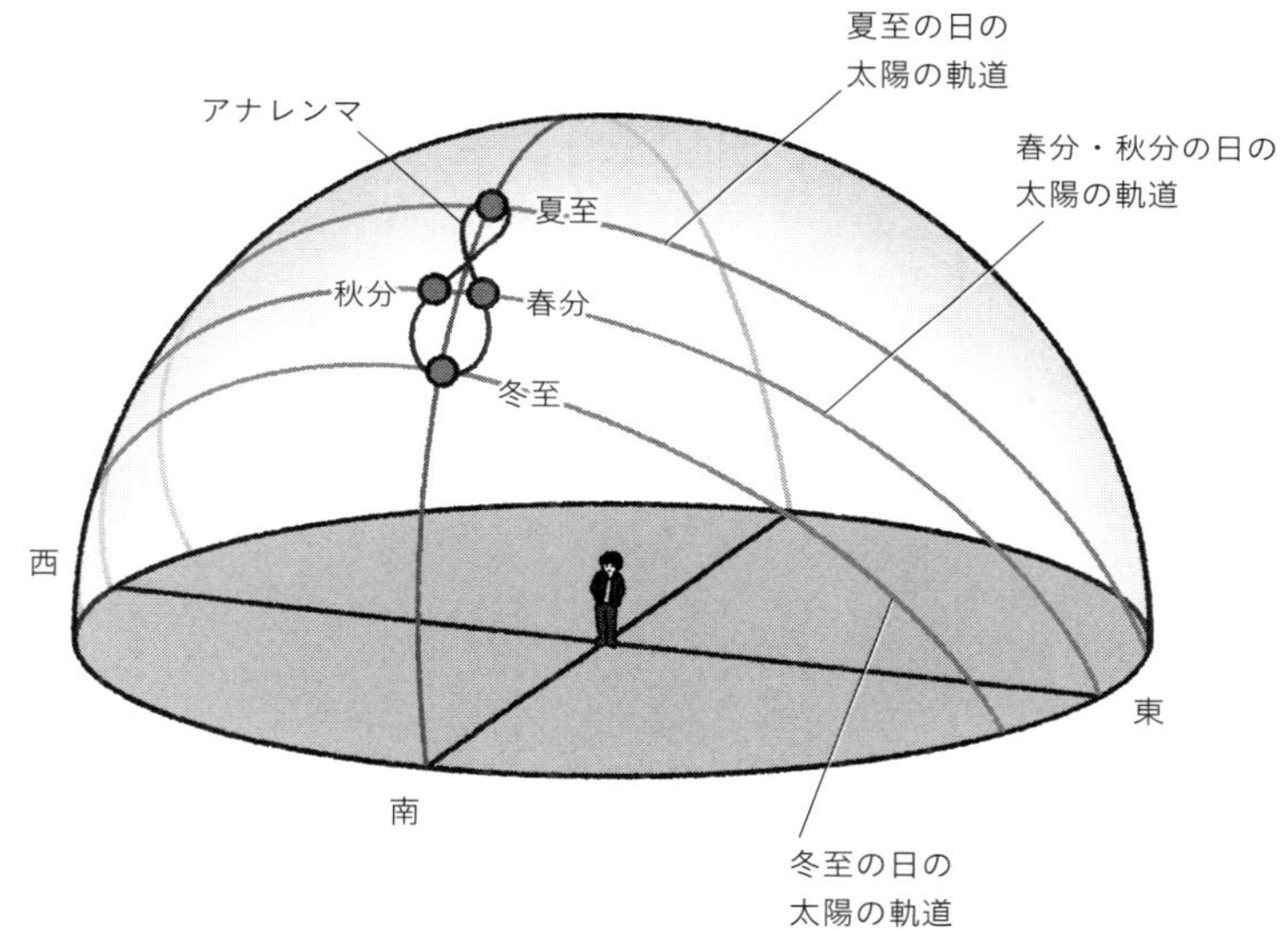

図5-8.　アナレンマ

1年間、同じ場所から正午に太陽を撮影すると、太陽の軌跡はアナレンマとよばれる8の字を描いて写る。

ります。

日本の時刻の基準となる東経１３５度の地点の場合、夏至や冬至の日にはぴったり正午に太陽は南中します。しかし春は正午でも太陽が南中せず、少し東側にずれます。一方、秋は正午ではすでに南中が終わっており、正午の太陽は西側へずれます。南中時刻のずれは最大で10数分にもなります。このようなずれがあるため、１年間、同じ場所から正午に太陽を撮影すると、太陽の軌跡は「アナレンマ」とよばれる8の字をえがいて写ります（図5－8）。

ちなみに先ほどお話ししたように、日本の時刻は東経１３５度の地点を基準に決められているため、ここから東西にはなれた地点では、夏至や冬至でも正午に太陽は南中しません。たとえば東経１３９度にある東京では、東経１３５度の地点よりも南中するのが早く、夏至の南中時刻は11時44分頃になります。

うるう秒の調整は、いつ必要なのか

ここまでは、地球が自転する速度が一定で、常に変わらないことを前提として1日の長さを考えてきました。しかし実際には、地球の自転の速度は一定ではなく、日々変化しています。

地球の自転の速度は、長いスケールで見ると徐々に遅くなっています。地球が誕生した頃の自転の周期（1日の長さ）は5時間程度だったとされています。この変化の原因の一つは「潮汐摩擦」です。これは潮の満ち引きによって海水と海底の間におきる摩擦のことで、この摩擦が地球の自転にブレーキをかけているのです。そのため、地球の自転周期は１００年に約２・３ミリ秒のペースで長くなっています。

ただし、自転の速度は短いスケールで見ると、遅くなったり速くなったりをくりかえしており、一定のペースで遅くなりつづけているわけではありません。たとえば、自転とは逆向きに強い風が吹いて山にぶつかると、自転速度が遅くなります。また、海流や地球の地下のマントルと核の間の摩擦など、さまざまな要因が自転速度に影響を与えています。

風や海流の向きや強さは季節によってもことなるため、自転速度は7月頃にもっとも速くなり、４月や11月頃にもっとも遅くなる傾向があります。さらに、地震や火山噴火も自転速度に影響をおよぼします。実際に、２０１１年3月11日に発生した東北地方太平洋沖地震の影響で、自転の速度が１００万分の１・８秒遅くなったという報告もあります。自転の速度（1日の長さ）は、地球規模でのさまざまな現象が複雑に絡みあって変化しているのです（図５－９）。そのため、私たちが使用している1日24時間という時刻と、実際の地球の自転にもとづく時刻

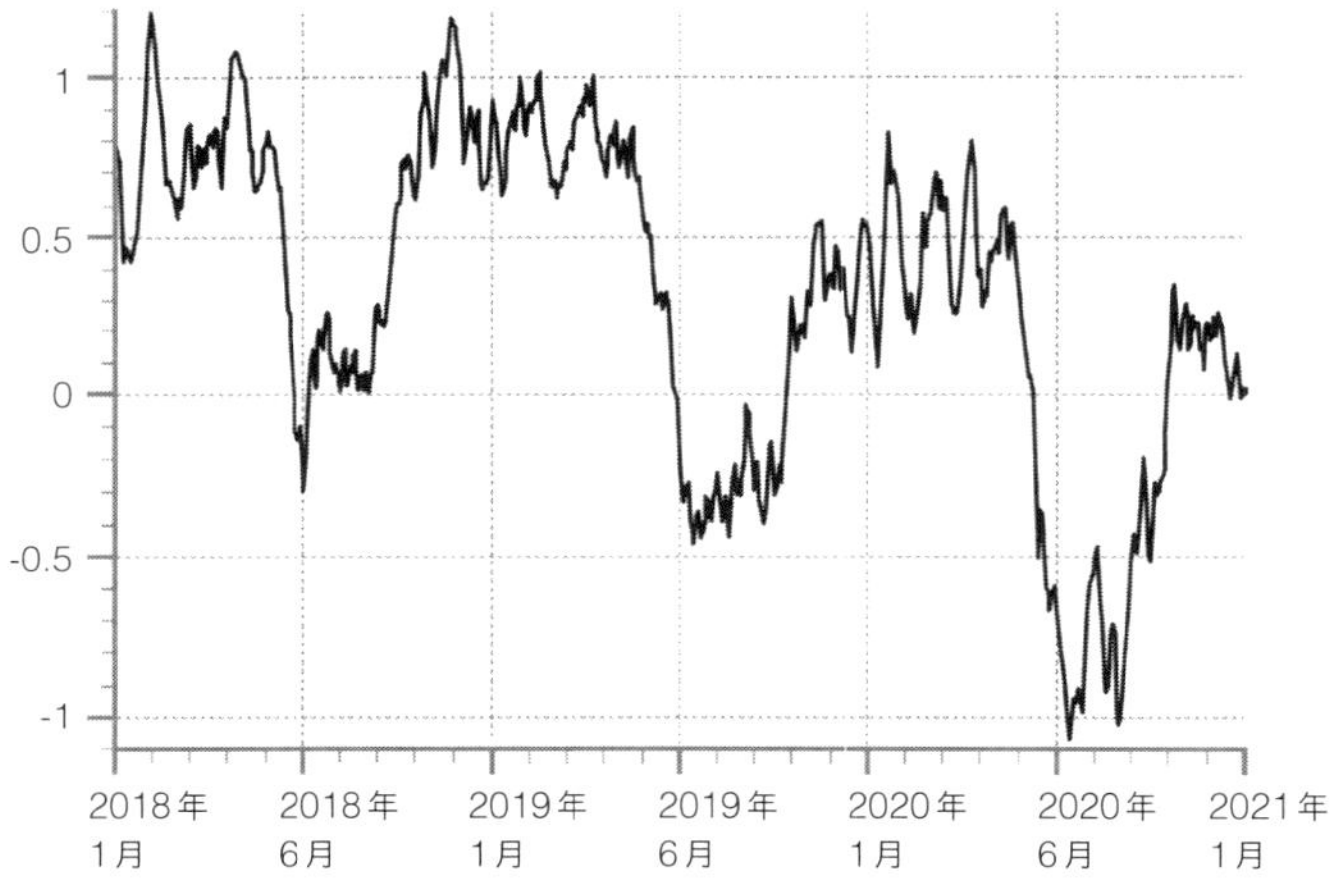

データ出典：国際地球回転・基準系事業

図5-9.　1日の長さの変化

の間にずれが生じることがあります。

　このずれが０・９秒をこえそうになると、私たちが使っている時刻に余分な１秒を挿入して、時刻を地球の自転に合わせます。これが「うるう秒」です。最近では２０１７年１月１日に８時59分60秒が挿入され、うるう秒による調整が行われました。しかし、うるう秒の挿入はシステム障害などを引きおこす恐れがあることから、２０２３年11月の国際電気通信連合（ITU）の会議により、原則2035年までに廃止されることになりました。

進化しつづける「1秒の定義」

多少変動があるにしても、1日、すなわち地球の自転1回にかかる時間が、ぴったり24時間であることは都合がよすぎるのではないか、と思う方も少なくないでしょう。しかし、実は1日がぴったり24時間である理由はとても単純です。その理由は「自転周期を基準にして1時間の長さが定められていたから」です。まず1日を24時間に分割し、それを60分に分割し、さらに60秒に分割する、という具合です。つまり、1秒の長さは1日の8万6400分の1として定義されていたのです。

しかし、この1秒の定義は1956年までしか使われませんでした。ここまでに説明したように地球の自転速度は変動しているため、1日の長さを時間の基準にすると、1秒の長さが一定ではなくなってしまうからです。そこでより正確な

1秒を決めるために、変化の少ない、より安定した時間の基準が必要となりました。

そして1956年、さまざまな単位の国際的な統一について議論する国際度量衡委員会によって、1秒の長さを決める基準が、地球の1日（自転）から1年（公転）に移されることになりました。つまり、1年の長さから1秒の長さを決めることにしたのです。しかし、地球の公転周期も月や他の惑星からの重力の影響を受けて変動するため、公転周期を基準にした1秒も完全に不変ではありませんでした。このように天文学的な計測方式では、どうしても1秒の長さにずれが生じてしまうため、天文現象に頼らない時間の定義が求められたのです。

そこで新たな時間の基準として採用されたのが、1955年に開発された「セシウム原子時計」です。1967年から現在まで、このセシウム原子時計にもとづいて1秒が定義されています。

セシウム原子時計は、3000万年に1秒ほどしかずれない高精度な時計です（図5－10）。しかし私たちは日の出や日没、そして季節の変化に合わせて生活しているため、地球の自転をもとにした時刻を完全にやめるわけにはいきません。

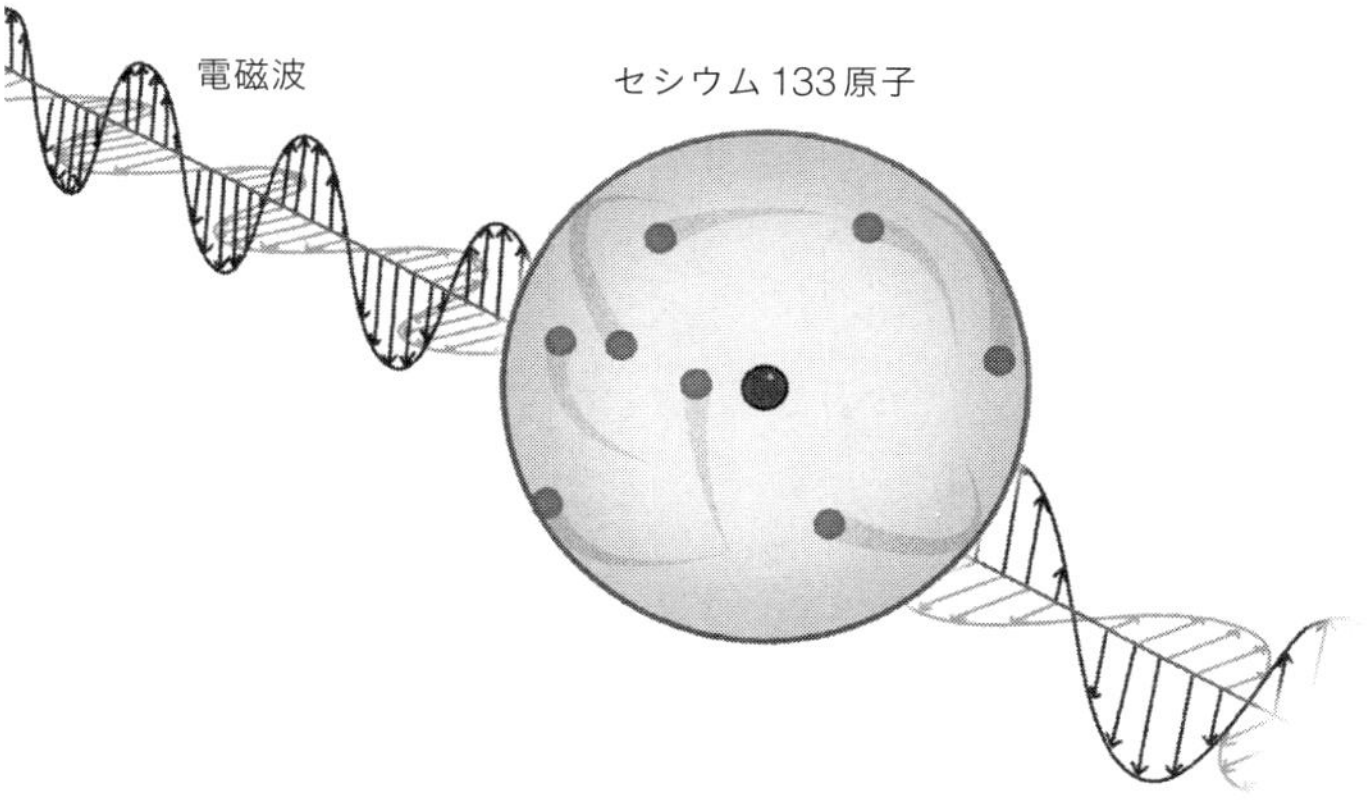

図5-10.　セシウム原子時計
3000万年に1秒ほどしかずれない高精度な時計。

セシウム原子時計のきざむ時間に完全にしたがってしまうと、天体の運動との間でずれが生じ、遠い将来には正午になっても太陽が昇ってこないといった問題がおきてしまいます。そのため、原子時計をもとにした時刻から自転をもとにする時刻がずれた場合、先ほど説明したように、うるう秒の調整（原子時計の時刻に余計な1秒を挿入して地球の自転に合わせる）が必要となるのです。

「セシウム原子時計」が、現在の1秒の基準

では、現在の1秒の基準となっている、セシウム原子時計のしくみを見ていきましょう。セシウム原子時計は、その名の通り、セシウム133原子の性質を利用した時計です。そもそも原子は特定の周波数の電磁波を照射すると、電磁波のエネルギーを吸収し、より大きなエネルギーをもった状態（励起状態）へと変わる性質があります。この原子が興奮したような状態を「励起」といいいます。

励起は、それぞれの原子に固有の周波数の電磁波を当てたときにしかおきません。この周波数のことを「共鳴周波数」といいます。周波数とは、1秒間に電磁波の波が振動する回数のことで、単位はヘルツです。1秒間に1回の振動なら1ヘルツとなります。原子は、このように特定の周波数の電磁波だけを吸収する性質をもっており、どんな周波数の電磁波を吸収するのかは、原子の種類で決まっているのです。

たとえば、セシウム133原子の場合は、91億9263万1770ヘルツの周

波数をもつ電磁波を吸収します。すなわち、1秒間に91億9263万1770回という、ものすごい振動をする電磁波だけを吸収するのです（図5－11）。この周波数がセシウム133原子の共鳴周波数です。セシウム原子時計は、このセシウム133の共鳴周波数を利用して、91億9263万1770回の振動ごとに1秒をカウントします。これが現在の1秒の定義となっています。

現在、国際単位系（SI）の普及・改良を進める国際度量衡局が、セシウム原子時計によって15桁の精度で1秒を計測し、その1秒をもとにした時刻が国際原子時（TAI）として、全世界で共有されています。

高精度な1秒の測定は、単に生活の利便性のためだけでなく、科学の発展にとっても重要です。たとえば、地球の自転が年々遅くなっていることがわかったのは、わずかな時間の変化を計測できる高い精度の時計ができたためです。現代のセシウム原子時計を使えば、数千億から数兆分の1秒といった、きわめて短い時間を高い精度で測定できます。これにより素粒子の寿命や、相対性理論による時間の伸び縮みなどの現象を、正確にとらえられるようになりました。

また、時間は長さの定義にも使われています。現在の1メートルの定義は

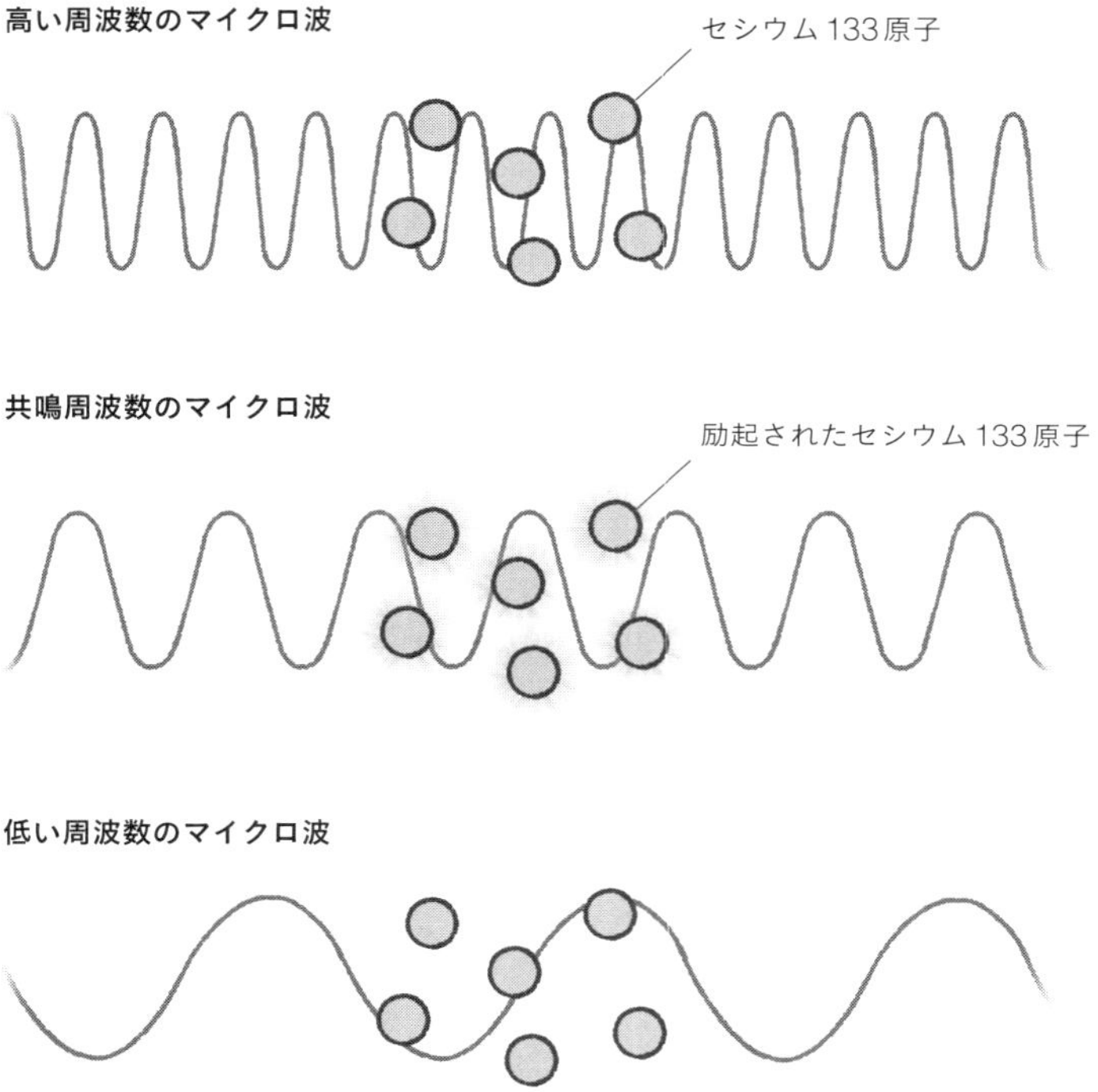

図5-11.　セシウム133原子は、91億9263万1770ヘルツの周波数をもつ電磁波だけを吸収する

この周波数がセシウム133原子の共鳴周波数。セシウム原子時計では、91億9263万1770回の振動ごとに1秒をカウントする。

「2億9979万2458分の1秒の間に、光が真空中を進む距離」です。光は100億分の1秒の間に約3センチメートル進みます。つまり、わずか100億分の1秒ずれるだけで、1メートルの長さは3％も狂ってしまうことになるのです。そのため、1秒の定義はきわめて正確である必要があります。

短い時間がはかれると、それまでは見えなかった新たな現象や法則が姿をあらわすはずです。より短い時間を正確にはかれる時計の開発は、そのような未知の現象に出会うための挑戦ともいえます。そのため、現在でも、より精度の高い時計の開発が行われています。

時空のゆがみは「光格子時計」ではかれる

現在、セシウム原子時計よりもさらに精度の高い原子時計の開発が進められており、10年以内に1秒の再定義が行われようとしています。その有力候補が、第2章でも紹介した光格子時計です。

光格子時計は、東京大学や理化学研究所で開発が進められている時計です。

２０１４年に開発された光格子時計は、セシウム原子時計の１０００倍もの精度をもち、３００億年に１秒の誤差しか生じないといわれています。光格子時計は、セシウム原子時計と同じ原子時計の一種ですが、使用する原子がことなり、「ストロンチウム87」という原子を使用します（図５－12）。

ストロンチウム87は、セシウム１３３よりも大きな共鳴周波数をもっています。より大きな共鳴周波数をもつ原子を利用するほど、１秒をより細かく分割することになるため、１秒をより高精度化できるのです。

具体的には、ストロンチウム87の共鳴周波数は４２９兆２２８０億４２２万９８７７ヘルツです。つまり、ストロンチウム87を励起させる電磁波が４２９兆２２８０億４２２万９８７７回振動したときに、１秒をきざむことになります。

セシウム原子時計には、セシウム原子が動くことで吸収する電磁波の周波数がずれて誤差が生じる問題があります。そこで、光格子時計では、大量のストロンチウム原子の集団を「光格子」という仮想的なくぼみを使って、動かないようにつかまえています（図５－13）。

光格子とは、レーザー光を照射してつくるエネルギーの障壁のことです。スト

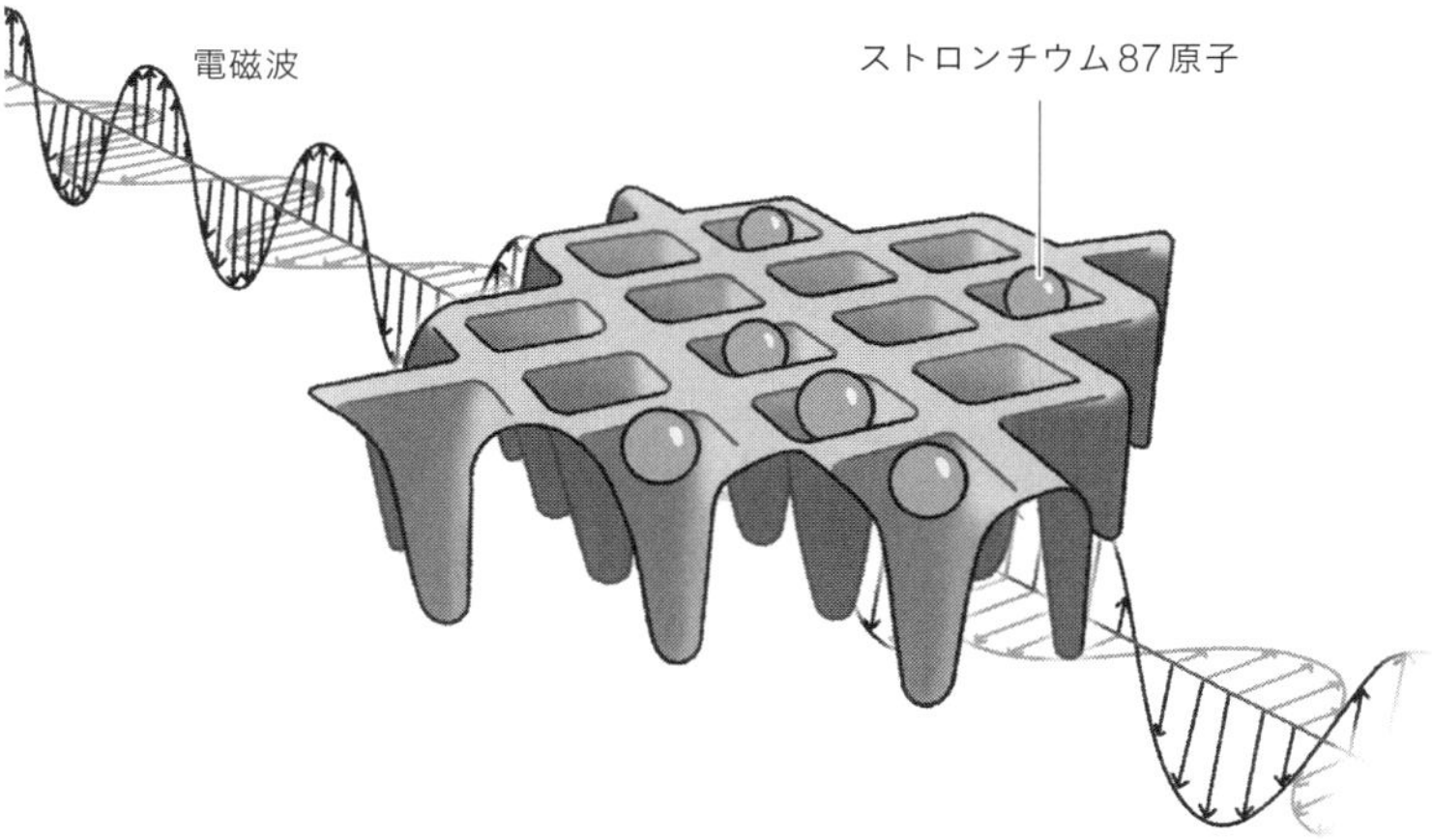

図5-12. 光格子時計

ストロンチウム87（セシウム133よりも大きな共鳴周波数をもつ）を使用した、セシウム原子時計の1000倍もの精度をもつ時計。

ロンチウム原子はエネルギーの低いくぼみに捕捉されます。このように捕捉した100万個にもおよぶストロンチウム原子に電磁波をあて、一度に共鳴周波数を計測します。そのため、短時間で精度の高い測定ができるのです。

先に説明したように、アインシュタインの一般相対性理論によれば、重力の強い場所ほど時空がゆがみ、時間の進み方が遅くなりましたね。そして地球上でも、地下の構造や物質の密度などの違いに

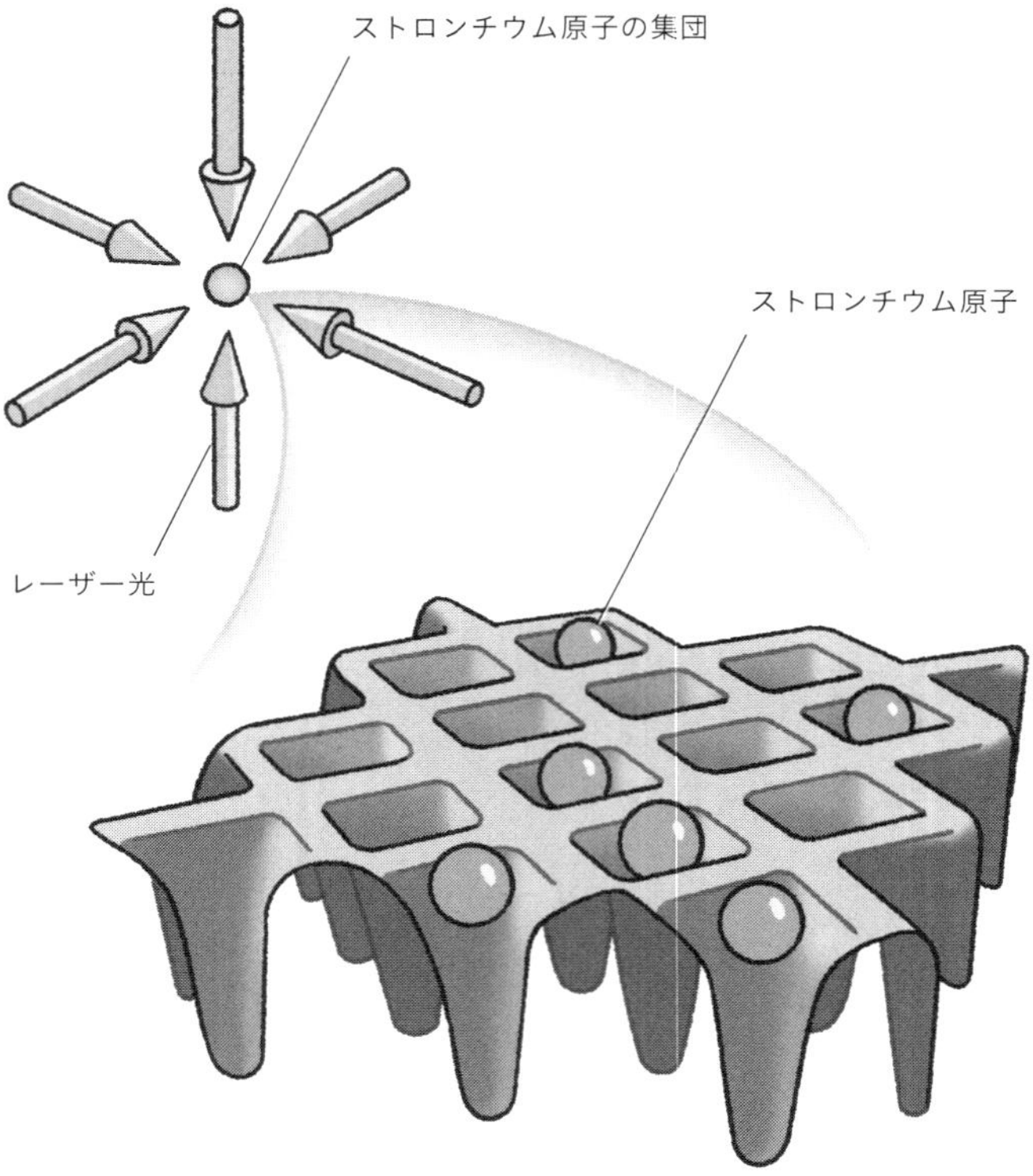

図5-13.　光格子時計のしくみ

大量のストロンチウム原子を「光格子」という仮想的なくぼみを使い、動かないようにつかまえているため、精度が高い。

よって、重力の強さがわずかに変化することが知られています。光格子時計は、その高い精度により、時計を設置する高さの1センチメートルごとのちがいだけで、一般相対性理論の効果による時間の進み方の差を検出できると考えられています。

さて、次世代の時計である光格子時計の紹介をしたところで、本書の時間の旅はおしまいです。現在もなお、超精密な1秒を求めて時計の進化はつづいています。身近な存在にもかかわらず、未だ謎に満ちた時間の世界、これからの研究の飛躍を楽しみに待ちましょう!

Staff

Editorial Management　中村真哉
Editorial Staff　井上達彦，山田百合子
Design Format　村岡志津加（Studio Zucca）

Illustration

表紙カバー	岡田悠梨乃，松井久美	77	松井久美	139～143	岡田悠梨乃
15～19	松井久美	78	岡田悠梨乃	145	松井久美
21	岡田悠梨乃	80	松井久美	148～150	岡田悠梨乃
23	松井久美	81	羽田野乃花	152	佐藤蘭名
24～29	岡田悠梨乃	83～85	松井久美	156	松井久美
31	松井久美	87	羽田野乃花	159	岡田悠梨乃
41	吉原成行	88	佐藤蘭名	165	松井久美
44～45	佐藤蘭名	90	松井久美	166	岡田悠梨乃
47	松井久美	91	岡田悠梨乃	169	松井久美
52	岡田悠梨乃	95	佐藤蘭名	170～175	岡田悠梨乃
55	佐藤蘭名	103	Newton Press	178	Newton Press
59～61	岡田悠梨乃	107～109	岡田悠梨乃	181～188	松井久美
63	松井久美	113～124	松井久美		
65～69	岡田悠梨乃	126	岡田悠梨乃		
70	松井久美	128～130	松井久美		
74	岡田悠梨乃	132	岡田悠梨乃		
		136～137	松井久美		

監修（敬称略）
二間瀬敏史（東北大学名誉教授）

Newton
本当に感動する サイエンス超入門！
現代物理学で解き明かす
時間はなぜ流れるのか

2025年3月15日発行

発行人　松田洋太郎
編集人　中村真哉
発行所　株式会社 ニュートンプレス　〒112-0012 東京都文京区大塚3-11-6
https://www.newtonpress.co.jp/

ISBN978-4-315-52898-5